Ulrike Aufderheide

Die Rasen-Revolution

Gedruckt auf
100% Recyclingpapier

Ulrike Aufderheide

Die Rasen-Revolution

Rasen und Wiesen verstehen, Lebensräume neu entwickeln

pala verlag

Inhalt

Mit Rasen die biologische Vielfalt fördern?

Mit Rasenflächen können wir die biologische Vielfalt fördern! Kann das sein? Wenn wir in unserem Garten oder auf Grünflächen etwas für die Natur und gegen den Verlust an biologischer Vielfalt tun wollen und mit der Umgestaltung beginnen möchten, dann fallen uns doch als Erstes die Rasenflächen ins Auge: langweilige grüne Teppiche, »englischer Rasen«. Dort könnte doch etwas Lebendigeres entstehen! Den Rasen in eine Wiese umzuwandeln, ist oft die erste Idee, wenn Menschen sich auf den Weg machen, im besiedelten Raum etwas gegen die größte Krise unserer Zeit, die Biodiversitätskrise, zu tun. Als Planerin von biodiversitätsfördernden Gärten habe ich aus diesem Grund lange Zeit Rasenflächen für einen Kompromiss gehalten, weil die Kinder einen Platz zum Fußball- oder Federballspielen brauchen oder jemand in der Familie einfach sehr gerne seinen Rasen mäht. Bis ich anfing, mich damit zu beschäftigen, wie die Landschaften wohl ausgesehen haben, in denen unsere Pflanzen und Tiere entstanden sind, weil ich verstehen wollte, wie wir unsere Natur am besten fördern können –, und bis mir dabei der Rasen begegnete.

Dieses Buch möchte Sie einladen, den vermeintlich überflüssigen (vielleicht sogar bösen?) »englischen Rasen« neu zu verstehen, das Feindbild über Bord zu werfen und zu entdecken, wie wichtig kurzrasige Flächen für die Förderung der biologischen Vielfalt sind. So ist die »Rasen-Revolution« zwar wie jede Revolution mit einer Umwandlung der Werte verbunden, damit das, was gering geschätzt wurde, künftig hoch geachtet wird. Aber sie ist eine friedliche Revolution, weil wir aus einem hässlichen Feind einen wunderschönen Freund machen werden. Wir verwandeln den toten grünen Teppich wieder in das, was er sehr lange Zeit war: die blütenbestickte Grundlage jedes Paradiesgärtleins und der arkadischen Landschaften unserer Träume.

Denn wir brauchen Rasenflächen: einmal wieder auf der Erde liegen und den Wolken nachschauen oder Krabbeltiere aus nächster Nähe betrachten, für Ballspiele, die Sommer-Kaffeetafel, den Kindergeburtstag oder das Familienfest. Auch gestalterisch haben Rasenflächen eine Menge Vorteile. Ähnlich wie Wasserflächen bieten sie weite, eher homogene Flächen, die Staudenbeete, Bäume und Gebüsche wie auf

← Rasen kann bunt und lebendig sein. Hier blüht der zarte Knollige Hahnenfuß, eine Art, die in unserer Landschaft immer seltener wird.

einer Bühne präsentieren. Dieses Buch soll zeigen, dass Rasenflächen ebenso unverzichtbar zu Gärten und Grünflächen gehören, auf denen zusätzlich zu allen anderen Funktionen, die die Flächen haben, auch noch wilde Pflanzen und Tiere gefördert und erlebt werden sollen.

Kurzrasige, eher lückige, aber blütenreiche Flächen gehören seit Jahrmillionen zu unserer Natur und viele Pflanzen und Tiere sind genau an diesen Lebensraum angepasst. In einer Welt voll üppig hoher Blumenwiesen und dichter Wälder würden Stare, Dohlen oder Grünspechte, die ihre Nahrung auf kurzrasigen Flächen suchen, kaum Nahrung finden, würden Wildbienen ohne Erfolg offene Bodenstellen zum Nisten suchen, Eidechsen könnten am schattigen Wiesenboden die wärmende Sonne und ihr Futter, die blütenbesuchenden Insekten, nicht mehr erreichen.

Aber ist der Rasen nicht geradezu die Verkörperung naturfeindlichen Gärtnerns? Da werden Grasmonokulturen mit viel Aufwand gedüngt, mit den verschiedenen Giften gegen Moos, »Unkräuter«, Pilze, Insekten und Regenwürmer behandelt, mit Unmengen an Trinkwasser versorgt, mit lärmenden und stinkenden Maschinen gemäht und produzieren dafür nur – Abfall.

Die Rolle rückwärts, von einer besonders die Natur und Umwelt belastenden Fläche hin zu einer Fläche, auf der wir der Natur gerade das bieten können, was aus unserer Landschaft immer mehr verschwindet, ist beim Rasen besonders einfach.

Extensive Weiden sind ein blütenreicher Lebensraum

Im Sommer leuchtet dieser hoch aufgewachsene Blumenkräuterrasen labkrautgelb

Wir verlieren keine der Funktionen, die die naturfeindlichen Graswüsten erfüllten, und gewinnen eine Vielzahl von Naturerlebnissen und dazu noch Flächen, die auch in der Klimakrise gut funktionieren. Denn viele der Pflanzen der mageren, kurzrasigen Lebensräume sind gut an heiße und trockene Standorte angepasst. Sie werden in Hitzeperioden nicht braun, sondern bleiben grün. Manche Arten blühen sogar unbeirrt weiter. Es lohnt sich also, Rasen und Wiesen neu zu denken.

Dieses Buch ist eine Einladung, eine spannende Zeitreise in die Geschichte unserer Landschaft zu machen. Auch wenn Forschende seit über hundert Jahren davon ausgegangen sind, dass Mitteleuropa eigentlich ein Waldland ist, so wird inzwischen immer deutlicher, dass kurzrasiges Grünland auch in Mitteleuropa ein uralter Lebensraum ist (siehe Seite 53). Die als so natürlich empfundene Blumenwiese wiederum existiert, wenn wir die lange Geschichte unserer Tier- und Pflanzenwelt betrachten, erst seit sehr kurzer Zeit. Zudem können Blumenwiesen, wenn sie mit modernen Maschinen gepflegt werden, sogar zu einer ökologischen Falle werden, also mehr schaden als nützen (siehe Seite 31).

Im Garten können wir aber das Beste aus zwei Welten, aus der Rasenwelt und aus der Wiesenwelt, auf einer Fläche kombinieren: die durchgehende Blüte der Weiderasen und die Blütenpracht einer Blumenwiese kurz vor dem Schnitt.

Nach unserer Zeitreise werden wir mit Erstaunen feststellen, dass wir ausgerechnet mit Blumenbeeten, die Rasenflächen und Wiesen nachempfunden werden, im Garten, also weit weg von der vermeintlich »richtigen Natur«, die biologische Vielfalt besonders schön fördern können.

Überall blüht's – jede Blüte zählt?

Unter Fachleuten war es schon seit Langem bekannt, dass unser Planet ein Artensterben erlebt, wie es zuletzt vor 65 Millionen Jahren stattfand, als ein Asteroid mit der Erde kollidierte. Nur diesmal sind wir der »Asteroid«. Es besteht kein Zweifel, dass die großen Veränderungen, die unser Wirtschaften und unsere Art, das Land zu nutzen und zu verändern, die Ursachen für das große Artensterben unserer Zeit sind. Aber erst die Aktionen und Volksbegehren unter dem Motto »Rettet die Bienen« haben es geschafft, in weiten Teilen der Bevölkerung Aufmerksamkeit zu erregen. Honigbienen brauchen Blüten, also gibt es jetzt überall Flächen nach dem Motto »Jede Blüte zählt«. Oft werden dort Samenmischungen mit einjährigen Sommerblumen aus aller Welt ausgesät. Das sieht schön aus und es summt und brummt über den Blüten, weil zahlreiche Honigbienen, Hummeln und auch der eine oder andere Schmetterling dort Nektar suchen und finden.

Aber reicht es, Honigbienen, Hummeln und einige Falter mit Nektar zu versorgen? Bunte Sommerblumenmischungen sind im besten Falle ein erster Schritt auf einem längeren Weg. Unsere biologische Vielfalt beschränkt sich ja nicht auf einige eher unspezialisierte Bestäuber. Schätzungen der Zahl der Insektenarten in Deutschland liegen bei ungefähr 38 000 Arten, auch für die Schweiz und Österreich gehen die dortigen Umweltbundesämter von ungefähr 40 000 Arten aus. Ein Viertel davon, also ungefähr 10 000 Arten, sind Fliegen und Mücken, ein weiteres Viertel Hautflügler (darunter 600 bis 700 Wildbienenarten), ein weiteres knappes Viertel sind Käfer. Die Hälfte aller Insekten ernährt sich zumindest einen Teil ihres Lebens nicht von Pollen und Nektar, sondern von lebendem Pflanzengewebe.

Im Laufe der Evolution haben die Pflanzen natürlich zahlreiche Strategien entwickelt, um die vielen Pflanzenfresser abzuwehren. Dies wiederum hat dazu geführt, dass sich viele Pflanzennutzer auf bestimmte Nahrungspflanzen spezialisiert haben. Pflanzen und Tiere passen also zusammen wie Schlüssel und Schloss.

Zu den spezialisierten Tierarten gehören übrigens auch zahlreiche der relativ unspezialisierten Bestäuber, die in den Sommerblumenmischungen zu beobachten sind, aber nicht als bunte Fliege, schillernder Käfer oder bunter Schmetterling, sondern in ihren Larvenstadien. So knabbern die Larven der Bunten Erzschwebfliege

← Eine Einsaat exotischer Sommerblumen bietet nur wenigen Arten einen Lebensraum

(Cheilosia illustrata) ausschließlich in den Wurzeln von Pastinake *(Pastinaca sativa)* oder Wiesen-Bärenklau *(Heracleum sphondylium)*. Die Raupen des Aurorafalters *(Anthocharis cardamines)* fressen die Früchte und Blätter von Wiesen-Schaumkraut *(Cardamine pratensis)* und einigen wenigen verwandten Pflanzenarten. Wer Insekten »ernten« , sie also nicht nur beobachten, sondern auch ihre Vermehrung fördern möchte, muss allen Lebensstadien Futter bieten, also auch Futterpflanzen für Schmetterlingsraupen säen oder pflanzen. Und das sind aufgrund der langen gemeinsamen Anpassung aneinander hauptsächlich heimische Arten. Exotische Pflanzenarten bieten nur wenigen Insektenarten Futter.

Genau deshalb können Sommerblumenmischungen, egal, welchen fantasievollen Namen sie auch tragen, in eine Sackgasse führen. Weil wir artenreiche Weiden und Wiesen aus unseren Landschaften verloren haben und nicht mehr wissen, was eine Blumenwiese eigentlich ist – nämlich eine Fläche, auf der Heu gemacht wird –, denken viele Menschen inzwischen, diese einjährigen Mischungen seien Blumenwiesen. Wenn aber niemand mehr den Wert der letzten artenreichen Grünlandflächen erkennen kann, dann fällt auch nicht mehr auf, wenn sie verschwinden, und mit ihnen viele seltene Pflanzen und Tiere.

Blütenreiche Weiden und Wiesen wurden nicht gesät, sie sind entstanden, weil dort Tiere weideten oder Heu gemacht wurde. Flächen mit Sommerblumen, die jedes Jahr neu gesät werden und nach wenigen Wochen blühen, können schon deshalb den meisten Insekten der Wiesen und Weiden nicht helfen, weil unsere Tiere an die Pflanzenarten der Wiesen und Weiden angepasst sind und exotische Arten nicht oder kaum nutzen. Außerdem kommen die meisten mehrjährigen Kräuter, die für die Insekten wichtig sind, im ersten Jahr nach einer Einsaat noch gar nicht zur Blüte. Und fast alle Insekten brauchen für ihren Lebenszyklus mehr als wenige Wochen. Sie müssen ja oft den Winter als Larven oder Puppen in oder an ihren Futterpflanzen überdauern. Wer Insekten fördern möchte, veranstaltet nicht jedes Jahr ein kurzes Blütenfeuerwerk, sondern arbeitet mit langem Atem und auf Dauer. Damit ersparen wir uns auch das jährliche Umbrechen und die Neueinsaat der Flächen.

Gefüllt blühende exotische Blumen bieten nicht einmal Nektarsammlern Nahrung

Im Grunde sind diese einjährigen Blühflächen ja eine Form von Ackerbau, gewissermaßen Sommerblumenäcker, und so fördern sie auch die auf einjährige Kulturen spezialisierten Wildpflanzen: Acker-Kratzdistel, Acker-Schachtelhalm, Melden und Quecken. Schon nach wenigen Jahren sind solche Flächen oft so stark mit diesen Arten bewachsen, dass sie aufgegeben werden müssen.

Pflanzen und ihre Tiere

Wilde Engelwurz & Pelzige Erzschwebfliege

Menschenhoch ragen die weißen Blütendolden der Engelwurz im Spätsommer in feuchten Wiesen und Säumen in die Höhe. Der Sage nach soll der Erzengel Raphael die Engelwurz als Heilpflanze auf die Erde gebracht haben. Sie ist eine kurzlebige Pflanze, sät sich aber gut aus. Wenn Sämlinge an unerwünschten Stellen im Garten erscheinen, jäten wir sie einfach. Die hohen abgestorbenen Stängel sind ein wertvoller Lebensraum für zahlreiche Insektenlarven und schmücken unsere Beete auch noch im Winter. Sie sollten als »Puppenstuben« so lange wie möglich stehen bleiben, damit die Insekten schlüpfen können, wir also die Tiere, die wir mit den Engelwurzsamen »gesät« haben, auch »ernten«.

Pelzige Erzschwebfliege

Und unser Beet-Engel duftet! Alle Pflanzenteile haben ein einzigartiges, warmes, entspannend und gleichzeitig anregend wirkendes Aroma und werden deshalb gerne in der Wildkräuterküche verwendet.

Auf den Dolden wuseln zahlreiche Blütenbesucher, vor allem die auffällig gefärbten Schwebfliegen, aber auch viele Käfer, denn der Pollen liegt offen und kann auch von Insekten mit kurzen Mundwerkzeugen erreicht werden. Paul Westrich beobachtete acht verschiedene Wildbienenarten, die hier Pollen sammeln. Andere Forschende fanden in und an den Blüten, Samen, Stängeln, Blättern und Wurzeln die Raupen von 29 Schmetterlingsarten und Larven von 18 Fliegenarten.

Die Larven von Schwebfliegen leben ja oft räuberisch, zum Beispiel von Blattläusen, und sind beliebte »Nützlinge« im Nutzgarten. Es gibt aber auch vegetarisch lebende Arten, so ernähren sich die Larven der Erzschwebfliegen *(Cheilosia)* von Pflanzengewebe, und zwar gut geschützt von Feinden im Innern der Pflanzen. Einige Erzschwebfliegenarten entgehen auch als erwachsene Tiere ihren Feinden, indem sie wehrhaften Bienen oder Wespen ähnlich sehen. Dazu gehört die Pelzige Erzschwebfliege *(Cheilosia chrysocoma)*, die nur sehr schwer von der Rotpelzigen Sandbiene *(Andrena fulva)* zu unterscheiden ist. Die Larven der Pelzigen Erzschwebfliege wurden bisher nur an der Wilden Engelwurz beobachtet. Wenn wir beide Insekten-Arten unterscheiden wollen, müssen wir pelzigen Wildbienen auf den Blüten von Doldenblütlern etwas tiefer in die Augen schauen. Die Augen der Schwebfliegen sind sehr groß, bei Männchen berühren sie sich sogar. Bei Wildbienen liegen die Augen als schmale »Mondsicheln« außen am Kopf.

Wilde Engelwurz ist ein Insektenmagnet

Auf der Suche nach den echten Blumenwiesen

Blumenwiesen sind Heuwiesen

Heuwiesen sind entstanden, weil Vieh auch im Winter Futter braucht. So lange diese Flächen nicht oder kaum gedüngt und nicht zu oft gemäht werden, können hier etliche bunt blühende Kräuter wachsen, nämlich die Arten, die damit zurechtkommen, dass sie ein-, zwei- oder dreimal im Jahr abgeschnitten werden. In der ersten Hälfte des 20. Jahrhunderts war unsere Landschaft voll bunt blühender Heuwiesen, heute müssen wir sie lange suchen, denn die industrialisierte Landwirtschaft muss so viel Vieh wie möglich von einer Fläche ernähren. Es wird zwar noch Grünfutter produziert, aber kaum noch Heu gemacht, stattdessen pressen die Landwirte das Gras zu Silageballen. Um möglichst viel zu ernten, werden die Wiesengräser mit Gülle und mineralischem Dünger zur Hochleistung angetrieben. Bis zu sechsmal kann so geerntet werden. Wenn das Gras mit einem der seit 2023 auf den Markt gebrachten Ernteroboter geerntet und direkt verfüttert wird, sogar bis zu neunmal. Den besten Ertrag bringt dabei das Deutsche Weidelgras. Sobald die Fläche »verunkrautet«, also das eine oder andere blühende Kräutchen auftaucht, wird nachgesät oder der Bestand mit Herbiziden behandelt und das Weidelgras neu eingesät. Konventionelles Grünland ist meist eine Grasmonokultur.

Blühende Kräuter können in Wiesen nur überleben, wenn sie nicht von konkurrenzstarken Gräsern verdrängt werden. Da Düngung aber vor allem die Gräser fördert, dürfen blütenreiche Wiesen gar nicht oder nur selten gedüngt werden. Sie bringen deshalb weniger Ertrag, werden seltener geschnitten. Für die blühenden Kräuter hat das den Vorteil, dass die Pflanzen noch zur Blüte kommen und Samen bilden können.

Es lohnt sich, vor allem Anfang Juni, wenn die Heuwiesen in ihrer Hochblüte stehen, sie zu suchen und dort zu entdecken, wie verschieden Blumenwiesen aussehen können. Denn jede Landschaft hat ihre eigenen Blumenwiesen mit eigenen Farbklängen und Düften. Machen wir also eine kleine Entdeckungsreise.

← Mähen, schleppen, walzen: Wo früher Schafe auf artenreichen Deichen weideten, wächst heute nur noch Gras (oben). Heuwiesen gab es früher überall, jede Landschaft hatte ihre eigenen Wiesenfarben (unten).

Feuchtwiesen

In der Nähe von Flüssen und Seen sind Wiesen von Natur aus im Vorteil, denn für Ackerfrüchte ist der Boden oft zu nass. Feuchte Böden sind Grünlandstandorte. Traditionell werden die Feuchtwiesen ein- oder zweimal im Jahr gemäht. An besonders feuchten Stellen blüht im frühen Frühjahr die Sumpf-Dotterblume *(Caltha palustris)*, gefolgt von den weißen Wogen des Wiesen-Schaumkrauts und den rosa Feldern der Kuckucks-Lichtnelke *(Lychnis flos-cuculi)*. Trollblume *(Trollius europaeus)* und Hahnenfußarten fügen leuchtend goldgelbe Farbaspekte hinzu. Tiefblau blühen die Gruppen der Wiesen-Iris, auch als Sibirische Schwertlilie *(Iris sibirica)* bekannt, zumeist zusammen mit den rosa Kerzen des Wiesen-Knöterichs *(Bistorta officinalis)*.

Auf zweimal im Jahr gemähten feuchten Wirtschaftswiesen ist der Wiesen-Fuchsschwanz *(Alopecurus pratensis)* die dominierende Grasart. Wenn der Boden noch nasser und sumpfig ist, dominieren Pfeifengras, Binsen oder Seggen. Pfeifengraswiesen und Seggenriede bringen wenig Ertrag, der kaum als Futter taugt. Traditionell wurden sie einmal, relativ spät im Jahr gemäht und das Mahdgut wurde als Einstreu genutzt, daher werden diese Wiesen auch als Streuwiesen bezeichnet.

Glatthaferwiesen

Glatthaferwiesen sind die Wiesen der guten Böden im Tiefland, in den Talböden und im unteren Bereich der Hänge. Hier steht der Glatthafer Anfang Juni fast menschenhoch. Wenn sie nicht gedüngt werden, sind die Wiesen voller Blumen. Wiesen-Margeriten *(Leucanthemum vulgare)*, Wiesen-Witwenblumen *(Knautia arvensis)*, Wiesen-Flockenblumen *(Centaurea jacea)*, Wiesen-Salbei *(Salvia pratensis)* und Skabiosen-Flockenblume *(Centaurea scabiosa)* bieten Insekten reichlich Nahrung. Glatthaferwiesen werden zweimal, höchstens dreimal im Jahr gemäht. Wird häufiger geschnitten, dann verschwindet der schnittempfindliche Glatthafer und es entsteht eine Weidelgras-Weißklee-Weide, auch wenn nicht gedüngt wird. In höheren Lagen wachsen auf gut mit Feuchtigkeit versorgten Böden die Goldhaferwiesen, die wie artenreiche Glatthaferwiesen durch ihre Blütenpracht bezaubern.

Trespenwiesen

An trockeneren, mageren Standorten finden wir die niedrigeren, weniger ertragreichen Trespenwiesen. Sie können nur einmal im Jahr gemäht werden und zwischen den schütteren Gräsern fallen die bunt blühenden Kräuter besonders gut auf: Karthäuser-Nelke *(Dianthus carthusianorum)*, Knäuel-Glockenblume *(Campanula glomerata)*, Sonnenröschen *(Helianthemum nummularium)*, Echte Schlüsselblume *(Primula veris)* und Skabiosen-Flockenblume sind Beispiele für die kräftigen Blütenfarben, die auf Trespenwiesen und anderen Halbtrockenrasen leuchten.

Hier leuchten auf einer feuchten Wiese Wald-Storchschnabel und Wiesen-Knöterich

Magere Wiesen sind besonders blütenreich

Von der Heuwiese zur Blumenwiese im Garten

Haben Sie einen Rasen, der eigentlich nur »da« ist, einmal in der Woche mit dem Rasenmäher befahren wird und ab und zu vertikutiert und gedüngt wird? Solche funktionslosen Rasenflächen sind dazu prädestiniert, in eine Blumenwiese umgewandelt zu werden, denn auch Blumenwiesen werden nur zur Pflege betreten. Voraussetzungen sind, dass wir hier ähnliche Bedingungen wie auf einer Heuwiese vorfinden und die Fläche dann auch wie eine Heuwiese pflegen. Unsere Blumenwiese sollte also in der vollen Sonne liegen und nicht zu klein sein. Denn der Bewuchs der klassischen Heuwiese wird, vor allem wenn Glatthafer enthalten ist, recht hoch und würde sich bei einseitigem Sonneneinfall unschön dem Licht entgegenlegen. Sie sollten die Wiese dann nur noch zum Mähen und kurz nach dem Schnitt betreten, denn einige Wiesenarten sind darauf angewiesen, dass sie sich regelmäßig aus dem Heu heraus wieder aussäen. Dafür muss der Boden offen sein und es darf sich keine dicht geschlossene Grasnarbe ausbilden. Die Blumenwiesen-Saatgutmischungen für den Garten enthalten oft Arten sowohl der feuchten als auch der trockeneren Standorte. Auf jeder Fläche setzen sich dann die jeweils passenden Arten durch.

Artenreiche Weiderasen

Blumenwiesen sind oft gleichförmig, vor allem wenn der Boden auf der ganzen Fläche dieselben Eigenschaften hat. Alle Pflanzen erfahren ja gleichzeitig dieselbe Behandlung, so entstehen mehr oder weniger bunte und homogene Flächen.

Weiden wirken dagegen unruhiger, weil hier ein Maulwurfshaufen ist, dort die Tiere das Futter haben stehen lassen. An anderer Stelle ist vielleicht der Boden vegetationsfrei, weil die Tiere dort oft stehen, liegen oder sich wälzen. Dieser Strukturreichtum der Weiden schafft viele verschiedene unterschiedliche Bedingungen, mal ist es schattiger oder feuchter, mal trockner und magerer. Auf Weiden gibt es also viele unterschiedliche kleine Lebensräume, vor allem wenn auch Gehölze auf den Weiden wachsen dürfen. Auf einer Wiese sind Strauchgruppen oder Einzelbäume den Mähgeräten im Weg, für Weidetiere ist das kein Problem, und alle Tiere lieben ja auch den Schatten unter einem ausladenden Baum in der Mittagshitze. Und dann gibt es da auch noch die Kuhfladen, Pferdeäpfel oder andere tierische Ausscheidungen. Sie bieten, soweit sie frei von Tiermedikamenten sind, einen sehr wichtigen Lebensraum für die zahlreichen Arten, die von ihnen leben. Und je mehr

← Blumenwiesen und Blumenkräuterrasen im Garten zeigen ihre ganze Pracht

Auf extensiven Weiden halten die Tiere die Pflanzen kurz und trotzdem blüht es dort reichlich

Kleinlebensräume es auf einer Fläche gilt, desto höher ist die biologische Vielfalt. Weiden sind deshalb oft besonders artenreich.

Hier blühen im Frühjahr Schlüsselblumen, später Wiesen-Margeriten, Echtes Tausendgüldenkraut *(Centaurium erythraea)* und Wiesen-Salbei, dann folgen Wiesen-Flockenblumen und Dornige Hauhechel *(Ononis spinosa)*. Moschus-Malven *(Malva moschata)* können hinzutreten, im Herbst auch Herbstzeitlose *(Colchicum autumnale)*. Einige Pflanzen der Magerweiden werden nur ungern vom Vieh gefressen und haben deshalb einen Konkurrenzvorteil, dazu gehören auch Pflanzen, die ätherische Öle enthalten wie Arznei-Thymian *(Thymus pulegioides)* und Oregano *(Origanum vulgare)*.

Ähnlich wie bei den Wiesen sind auch Weiden arten- und blütenreich, wenn sie nicht oder kaum gedüngt werden. Es entstehen Magerweiden. Sie sind die Vorbilder für den artenreichen Blumenkräuterrasen (siehe Seite 24).

Während früher das Vieh nur im Winter mit Heu gefüttert wurde, werden viele Kühe heute jahrein, jahraus mit Silage und anderem Kraftfutter ernährt. Wir behandeln unsere Nutztiere, als seien sie Nutzpflanzen: Eingepfercht in einem engen Raum bekommen sie genau definiertes Futter und Medikamente, um einen maximalen Ertrag zu erbringen. Ihre Vorfahren durften noch vom Frühjahr bis in den Herbst über weite Weiden wandern und selbst entscheiden, wann und was sie fraßen. So wussten sie auch, welche Pflanzen ihnen gut tun, wenn es im Bauch oder sonst wo drückt, sie konnten sich selbst mit Heilpflanzen versorgen. Nutztiere, die auf artenreichen Weiden leben dürfen, wurden zum Beispiel dabei beobachtet, wie sie medizinisch wirksame Pflanzen fraßen, wie Farne, die gegen Würmer wirken.

Rasen auf Extremstandorten

Trockenrasen

Es gibt einige Extremstandorte, auf denen der Boden so mager und trocken ist, dass hier eine Wiesenmahd nicht mehr möglich ist. Auf Felsköpfen, auf Schotterfeldern und auf Sandflächen wachsen die Trockenrasen. Hier ist der Boden oft nur schütter von Pflanzen bedeckt. Ihre Triebe und Blätter sind vor starker Sonnenstrahlung und Austrocknung durch dichte Behaarung, reflektierende Wachsschichten oder dadurch, dass die Blätter eine eher nadelförmige Gestalt haben, geschützt. Die Blätter können aber auch zur Wasserspeicherung verdickt sein, wie bei den Fetthennen.

Die Blüten der niedrigen Trockenrasenpflanzen wirken oft überproportional groß. Dazu gehören die Gewöhnliche Küchenschelle *(Pulsatilla vulgaris)* und niedrige Disteln wie die Silber-Distel *(Carlina acaulis)*. Bei den Trockenrasen unterscheiden sich solche auf kalkhaltigen Böden stark von denen auf sauren Böden, wobei die Kalkmagerrasen zu dem Schönsten gehören, was unsere Natur zu bieten hat. Auf sandigen und kalkfreien Böden wachsen die farbenfrohen Heideflächen. Leider sind magere Lebensräume hochgradig bedroht, denn schon der Stickstoffeintrag aus der normalen Luftverschmutzung in Mitteleuropa düngt sie so weit auf, dass die Hungerkünstler von wüchsigeren Pflanzen überwachsen werden.

Die meisten Trockenrasen bleiben nur erhalten, wenn aufkommende Gehölze regelmäßig verbissen werden. Früher wurden diese Flächen gelegentlich beweidet. Heute ist der Erhalt dieser Biotope nur möglich, wenn die Beweidung durch Naturschutzgelder finanziert werden kann.

Felsbandrasen

In Felswänden und auf Schotterfeldern gibt es manche Ritzen und Vorsprünge, in denen die Hungerkünstler unserer Flora Fuß fassen können: Wimper-Perlgras *(Melica ciliata)*, Fetthennen und Dachwurz *(Sempervivum tectorum)*, bekommen genügend Licht, auch ohne dass eine Mahd oder Beweidung die Gehölze zurückdrängt. Hier wachsen nur noch wenige und dann auch sehr niedrige Gehölze. Mit den Arten der Felsbandrasen können zum Beispiel Dachbegrünungen angelegt werden.

Auf Trockenrasen duftet der Thymian

Alpine Rasen

Auf den Bergen der Alpen gibt es ebenfalls Rasen, die auch ohne Beweidung offen bleiben. Denn hier können Bäume aufgrund der klimatischen Bedingungen nicht wachsen. Wenn wir wissen wollen, wie die Landschaft hierzulande in den langen Kaltzeiten unseres Erdzeitalters ausgesehen hat, bekommen wir hier, über der Baumgrenze, eine Ahnung davon. Oft sind wir begeistert von den leuchtenden Farben der Blüten und wünschen uns solche Pflanzen in unseren Gärten. Das hat schon manchen dazu verleitet, Pflanzen auszugraben und im eigenen Garten einzupflanzen. Abgesehen davon, dass das bei den meisten Alpenpflanzen ein Verstoß gegen die Naturschutzgesetze ist: Im Tiefland fehlt diesen Pflanzen die kühle, feuchte Luft und die hohe Sonneneinstrahlung der Berggipfel, sie kommen mit der »Klimaerwärmung«, die sie an ihrem neuen Standort aushalten müssen, nicht zurecht und verkümmern rasch.

»Weidefläche« im Garten – Blumenkräuterrasen

Wenn wir eine der inzwischen sehr selten gewordenen bunten Blumenwiesen in der Feldflur entdecken, dann kommt bei vielen der Wunsch auf, diese Blütenpracht auch im eigenen Garten erleben zu können. Rasenflächen, die wenig oder kaum genutzt werden, bieten sich dafür geradezu an (siehe Seite 21).

Aber vielleicht spielen auf Ihrem Rasen die Kinder manchmal Ball oder es stehen dort Tische und Stühle für einen gemütlichen Nachmittag mit Freunden. Dann sollte die Fläche weiterhin gut begehbar und auch belastbar sein, ein perfekter Ort für einen Blumenkräuterrasen, dem Weiderasen im Garten. Samenmischungen

Auf sauren Böden entstehen Heiden (links). Küchenschellen wachsen nur auf mageren Standorten (rechts).

Blumenkräuterrasen bringen die Blüten der Weiden in den Garten

für diese Flächen enthalten die Pflanzen der bunt blühenden Magerweiden (siehe Seite 22). Diese Arten kommen nicht nur damit zurecht, hin und wieder eingekürzt, also abgemäht oder abgefressen zu werden, sie sind zusätzlich auch noch trittfest. Sie werden nicht so hoch wie die Arten der Heuwiesen, vertragen leichten Schatten und einen häufigeren Schnitt.

Puppenstuben für Schmetterlinge

»Puppenstuben gesucht – Blühende Wiesen für Sachsens Schmetterlinge« ist seit 2015 ein Projekt des Senckenberg-Museums für Tierkunde in Dresden, das von Dr. Matthias Nuss geleitet wird. Weil Schmetterlinge und viele andere Insekten nicht nur Futter für ihre Larven brauchen, sondern auch einen sicheren Platz für die Puppenruhe, setzt es sich dafür ein, trockene Stängel auch mal stehen zu lassen, und zwar so lange es geht. Denn manchmal dauert es wie beim Aurorafalter Monate, bis das erwachsene Insekt aus der Puppe schlüpft.

Aurorafalter →

Blütenreiches Grünland und Obstbäume auf einer Fläche – hier ist der Artenreichtum besonders hoch

Streuobstwiesen – fast schon ein Garten

Ein Sonderfall sind die Streuobstwiesen, die seit dem 19. Jahrhundert in vielen Landstrichen die Dörfer umgaben. Die großen Obstbäume wurden sorgfältig geschnitten, Pilz- und Insektengifte gab es damals nicht. Deshalb wachsen auf historischen Streuobstwiesen und -weiden zahlreiche lokal bewährte und widerstandsfähige Sorten, deren Namen in Vergessenheit geraten sind. Leider ist ein großer Teil dieses genetischen Schatzes verloren gegangen, als der Anbau von Plantagenobst als besonders ertragreiche Form des Apfelanbaus modern wurde.

Früher wurden alle Obstbäume auf Sämlingen veredelt, deshalb gab es nur Hochstämme. Diese mächtigen Bäume wurden auf Wiesen oder Weiden am Rand der Dörfer gepflanzt. An Straßenrändern wuchsen Obstbaumalleen, auch aufgegebene Weinberge wurden in Streuobstwiesen umgewandelt. Die Bäume lieferten Obst, die Wiese Futter für die Tiere. Durch den Schatten unter den Bäumen ist das Heu einer Streuobstwiese qualitativ nicht so hochwertig wie das einer besonnten Wiese und es wächst auch nicht so viel auf. Deshalb wurden die Streuobstwiesen in der Regel beweidet.

Für unseren Naturhaushalt ist die Vernichtung der Streuobstwiesen ein herber Verlust, denn dieser vielfältig strukturierte Lebensraum beherbergt eine Vielzahl an Pflanzen- und Tierarten. Durch den weiten Stand sind die Flächen, im Vergleich

Blühfläche, Blumenwiese, Blumenrasen: Was ist das?

Mit »Rasen« bezeichnen wir oft »unkrautfreie«, kurz geschorene Grasflächen. Wenn dort auch Moos oder blühende Kräuter wachsen, werden diese Flächen oft schon als »Wiese« bezeichnet. In der Fachwelt und in diesem Buch werden diese Begriffe etwas anders benutzt.

Blühflächen sind Flächen, die gesät werden, um für ein oder wenige Jahre dort blühende Kräuter anzusiedeln. Sie können aus einheimischen oder exotischen Arten bestehen. Da sie oft hauptsächlich aus einjährigen exotischen Arten bestehen, werden sie von unspezialisierten blütenbesuchenden Insekten genutzt. Sie müssen jedes Jahr neu angelegt werden.

Blumenwiesen entstanden auf Flächen, die in der Regel der Heugewinnung dienten, sie werden ein- bis dreimal im Jahr gemäht. Es gibt sie, seitdem die Heumahd mit der Sense möglich ist, also längstens seit dreitausend Jahren, die meisten Blumenwiesen sind aber viel jünger. Je nährstoffarmer der Boden ist, desto blütenreicher wird die Blumenwiese. Blumenwiesen sind ein dauerhafter Lebensraum und bieten auch spezialisierten Organismen Nahrung. Eine neu angesäte Blumenwiese bleibt bei der richtigen Pflege dauerhaft erhalten.

Blumenkräuterrasen bestehen aus Pflanzenarten der artenreichen Weiderasen, die es seit Jahrmillionen in Europa gibt. Sie können häufiger gemäht werden als Blumenwiesen und entwickeln eine belastbare Narbe. Wie bei den Wiesen ist es wichtig, nie die gesamte Fläche zu mähen, sondern immer einzelne Flächen als Rückzugsräume für Tiere stehen zu lassen.

Intensivrasen sind regelmäßig gedüngte und bei Trockenheit bewässerte Flächen, auf denen Wildkräuter nicht erwünscht sind. Hier sollen ausschließlich Gräser wachsen, die durch häufiges Mähen kurz geschoren bleiben. Die Flächen sollen immer gleich aussehen, nämlich wie ein samtiger grüner Teppich. Sie wurden erst durch die Züchtung von speziellen Grassorten und mit der Erfindung der Unkrautvernichtungsmittel möglich.

zu anderen von Bäumen dominierten Flächen, gut durchsonnt und licht. Sie bieten daher genau die Standortbedingungen, die die meisten Arten bei uns brauchen. Alte und absterbende Obst-Hochstämme sind ein Eldorado für die vielen Nutzer besonnten Totholzes, zum Beispiel für Wildbienen. In den Baumhöhlen finden Steinkäuze eine Wohnung und bis ins 20. Jahrhundert hinein, als die Intensivierung der Landwirtschaft und des Obstbaus noch nicht die Masse der großen Insekten dezimiert hatte, war der Wiedehopf ein typischer Vogel der Streuobstwiesen, die ja eigentlich »Streuobstweiden« waren.

Im Grunde ist eine Streuobstweide fast schon ein naturnaher Garten, denn das Vieh muss ja daran gehindert werden, frei herumzuwandern. Sie ist wie alle Gärten deshalb von einem Zaun oder einer Hecke umgeben und es gibt diese gute Mischung aus Gehölzen, kurzrasigen Flächen und blumenreichen höheren krautigen Flächen, die die Grundstruktur aller Gärten darstellt.

Niemandsland als letzter Rückzugsraum – Säume

Jede einheitliche Fläche hat einen Rand, auch in unserer Landschaft. Zwischen Straße und Feld, zwischen Wald und Wiese oder zwischen Bach und Weide gibt es das Zwischenland, wo die Pflege und Nutzung der beiden angrenzenden Flächen nur noch geringen Einfluss haben. Unter dem Weidezaun frisst das Vieh weniger, am Wegrand wird nur hin und wieder gemäht, es wird in der Regel nicht gedüngt und meist auch nicht gespritzt. Diese Säume sind voller Leben, denn abgestorbene Staudenstängel bleiben auch mal länger stehen, und Schmetterlinge können aus ihren Puppen schlüpfen, statt in der Silage zu vergären. Hier können sich Tiere

Meine Kollegin Tessa Beumer konnte in ihrem Garten im Juni beobachten, wie sich eine Aurorafalter-Raupe an einem Pflanzenstängel befestigte (oben links), schon am nächsten Tag war nur noch die Gürtelpuppe zu sehen (oben rechts). Aurorafalter überwintern als Puppe an ihrem Stängel. Bei Tessa Beumer schlüpfte das Faltermännchen im April des Folgejahres. Aurorafalter gibt es nur, wenn es genügend »Puppenstuben« in unseren Gärten und in unserer Landschaft gibt. Hätte sich der Falter auf einer Wiese verpuppt, wäre die Puppe in der Silage oder im Heu zu Grunde gegangen. Dieser hübsche Falter zeigt uns, warum wir auf den Herbst- und Frühjahrsputz im Garten, wo immer möglich, verzichten sollten.

Hohe Säume bieten sogar Sichtschutz, sie fungieren als Blumenhecke

zurückziehen, wenn es ihnen auf der freien Fläche zu heiß oder zu trocken wird, aber auch auf hohe Stängel klettern, wenn sie Sonne zum Wärmen brauchen oder, wie zum Beispiel Stieglitze oder Braunkehlchen, gerne einen guten Überblick haben. So war unsere Agrarlandschaft von zahlreichen Überlebensstreifen durchzogen, wo sich viele Tiere, die mit der intensiveren Nutzung rechts und links nicht zurechtkamen, zurückziehen konnten. Noch heute blüht es unter Zäunen oder an Straßenrändern oft viel mehr als auf den angrenzenden landwirtschaftlichen Flächen. Leider sind viele dieser Lebensadern in den letzten Jahrzehnten verschwunden, weil mit Duldung der Kommunen bis hart an den Weg herangeackert wird, obwohl die wegbegleitenden Flächen im öffentlichen Besitz sind, also uns allen gehören. Der Landwirt vergrößert seine Ackerfläche und die Kommune spart sich die Pflegekosten für die Wegränder, eine Win-win-Situation für Landwirt und Kommune zu Lasten der biologischen Vielfalt.

Im Garten können wir Übergänge von einer Fläche zur anderen mit höheren Blumensäumen gestalten. Am Fuß des »Kunstfelsens« Haus, also am Traufstreifen, schaffen sie den Übergang zum Garten. Dort, wo der Rasen an die Hecke grenzt, sollten wir nicht bis zu den Stämmchen der Sträucher mähen, sondern als Übergang einen Saum stehen lassen oder einsäen. Auch am Zaun, also am typischen Standort von Säumen in der Landschaft, können wir statt einer Hecke aus Sträuchern einen hohen Staudensaum anlegen, eben eine »Blumenhecke«. Hier dürfen dann abgestorbene Stängel länger stehen bleiben. So werden sie zu »Puppenstuben« nicht nur für Schmetterlinge, sondern auch für die vielen anderen Krabbeltiere, die sich in oder an den trockenen Pflanzenteilen entwickeln.

Biodiversitätsförderung und Wiesenmahd – ein Widerspruch in sich?

Ohne Pflege geht es nicht

Wäre es nicht besser, einfach gar nichts mehr zu machen? Dann wird keines der vielen kleinen und größeren Tiere, die die Wiese oder die Weide bewohnen, durch den Schnitt geschädigt, verschwindet nicht im Maul des Weidetieres, wird nicht unter den Hufen zerquetscht? Nun, wenn Weiden nicht mehr genutzt oder Wiesen nicht mehr gemäht werden, bekommen zuerst einmal die Pflanzen der Säume eine Chance, also die Pflanzen, die mit häufigem Einkürzen nicht so gut zurechtkommen. Dann gehen aber Gehölzsämlinge auf und schon nach kurzer Zeit entsteht ein Jungwald. Damit verschwindet aber auch Lebensraum: Es wird schattiger, der Boden ist dicht bewachsen und mit abgestorbenem Grasfilz bedeckt. Später wachsen dann nur noch Arten, die im dunklen Baumschatten überleben können. Wälder haben eine geringere biologische Vielfalt als eine reich strukturierte Landschaft mit Hecken, Bäumen, Wiesen, Weiden und Säumen. Viele bedrohte Tier- und Pflanzenarten verschwinden, wenn die Flächen nicht mehr gepflegt werden. Pflanzen und Tiere der Wiesen und Weiden brauchen Licht und Luft, um gut leben zu können. Trotzdem ist die Heumahd, wie wir sehen werden, eine Katastrophe für viele Wiesentiere.

Auswirkungen des Schnitts

Jede Pflanze ist ein Lebensraum

Wenn es in einer Kommune viele sogenannte »Blühflächen« gibt, können die Grünflächenämter von neuartigen Beschwerden berichten. Früher häuften sich die Anrufe, wenn Flächen längere Zeit nicht gepflegt wurden, heute rufen besorgte Bürgerinnen und Bürger an, weil gemäht wird, »wo es doch gerade so schön blüht«. Es

← Extensiv beweidete Flächen gibt es noch häufiger in Skandinavien, wie auf Gotland (oben) oder Öland (unten), weil dieser Lebensraum dort als besonders schützenswert anerkannt ist

Die moderne Wiesenmahd überlebt kaum ein Wiesenbewohner

wird dann geduldig erklärt, dass Wiesen eben gepflegt werden müssen und dass die Pracht der Blumenwiese verschwindet, wenn nicht mehr gemäht wird.

Dabei sind die besorgten Anrufe im Grunde berechtigt: Ein Wiesenschnitt tötet immer zahlreiche Tiere. Viel wäre schon gewonnen, wenn, wie das früher in unserer Landschaft der Fall war, die Wiesenflächen nach und nach gemäht würden. Heute werden aufgrund der EU-Förderbedingungen europaweit fast alle geförderten Blumenwiesen zur selben Zeit gemäht, der Lebensraum Blumenwiese bricht also großräumig in den ersten warmen Tagen nach Mitte Juni zusammen. Sind das unvermeidliche Verluste, die von einem Mehr an Lebensraum aufgewogen werden? Oder können Blühflächen sogar zur ökologischen Falle werden, die Tiere anzieht und sie dann dem Schnitt oder Mulchgang ausliefert, und bleiben die angelockten Tiere ohne Nachwuchs? Schauen wir uns doch einmal genauer an, was passiert, wenn eine Wiese geschnitten wird. Manche Tierarten können vor den Mähgeräten fliehen, andere haben vielleicht das Glück, von den Messern nicht erfasst zu werden. Wer aber wenig beweglich auf der Pflanze lebt, landet mit ihr unweigerlich im Heu oder in der Silage. Besonders die Tierarten, die direkt von oder im Pflanzengewebe leben, gehören zu dieser Gruppe.

Durch die Konzentration auf Blüten, Bienen und andere Bestäuber ist die Vielfalt der Nutzer von lebendem Pflanzengewebe, sind die »herbivoren« Arten lange übersehen worden. Dabei bringen diese Arten die von den Pflanzen umgewandelte Sonnenenergie als Pflanzengewebe in die Nahrungsnetze. Wobei es durchaus leicht ist, sie zu übersehen, denn viele sind winzig klein und oft nur von Spezialisten durch aufwendiges Sezieren der Pflanzen oder Auffangen der schlüpfenden erwachsenen Tiere zu bestimmen.

Solch aufwendige Untersuchungen zeigen: Jede Pflanze ist eigentlich ein eigener Lebensraum. So leben allein in den Blüten des Rotklees *(Trifolium pratensis)* 23 Insektenarten, darunter acht Arten, die sich vom Pflanzengewebe ernähren, und fünfzehn Parasitoide, deren Larven wiederum von diesen Pflanzenfressern leben. Sieben der acht herbivoren Arten sind ausschließlich in Rotklee zu finden, eine nutzt auch Blüten des Weißklees *(Trifolium repens)*. Von den fünfzehn parasitoiden Arten nutzen zehn nur Wirte in Rotkleeblüten.

Aber nicht nur die Blüten einer Pflanze werden von zahlreichen Insektenarten genutzt. Jedes Pflanzenorgan, ob Blüte, Samen, Stängel, Blatt oder Wurzel, ernährt eigene, nur auf dieses Pflanzengewebe spezialisierte Tierarten. In der europäischen Datenbank »Bladmineerders«, die im Internet zu finden ist, kann der aktuelle Wissensstand für jede Pflanzenart Europas nachgeschaut werden. Hier ist zu sehen, dass oft mehr als einhundert Parasitenarten einheimische krautige Pflanzenarten nutzen, bei Bäumen sind es oft mehrere Hundert Arten. Exotische Arten weisen übrigens eine wesentlich artenärmere Fauna auf. Da stellt sich die Frage, warum es überhaupt noch gesund aussehende Pflanzen in Blumenwiesen gibt. Der Grund liegt darin, dass alle Pflanzennutzer wiederum Futter für weitere räuberisch lebende Arten sind.

Bei der Nutzung einer Wiese verschwindet also der »Lebensraum Pflanze« mitsamt seinen Bewohnern im Heu oder in der Silage. Nun produziert die Natur immer Überfluss. Wenn nicht der gesamte Lebensraum geschädigt wird, können die Tiere einer Art, die an einem Ort leben und sich fortpflanzen – die »Populationen« –, den Verlust einiger Individuen verkraften. Das war in der traditionellen Landwirtschaft der Fall, da wurde oft nur ein »Morgen« auf einmal gemäht, das ist die Fläche, die an einem Morgen gesenst werden konnte. Weil nur Teile des Grünlandes gemäht wurden, blieb immer noch genügend Lebensraum erhalten. Heute führt die moderne Mahd, bei der die Mähmaschinen sehr schnell über die Fläche fahren und das Gras gleich für die Silage zwischen Walzen quetschen, zu einem kompletten Zusammenbruch eines Lebensraumes, weil riesige Flächen an einem Tag bearbeitet werden.

Aber sehen wir uns doch einmal für einige Tiergruppen genauer an, was der Schnitt für sie bedeutet, wann eine Blumenwiese ein Lebensraum und wann sie eine ökologische Falle werden kann.

Bohrfliegen

Viele Bohrfliegenarten sind auf Korbblütler (Asteraceae) spezialisiert, ihre Larven entwickeln sich oft in den Blütenköpfen ihrer Wirtspflanzen, z. B. die auf Magerwiesen-Margeriten *(Leucanthemum vulgare)* spezialisierte Margeriten-Bohrfliege *(Tephritis neesii)*. Die Männchen von Bohrfliegen sitzen oft auf den Blüten und bewegen ihre auffällig gemusterten Flügel, um ein Weibchen anzulocken. Diese legen ihre Eier dann in den Blütenboden der Nahrungspflanzen ab. Nach 20 bis 40 Tagen verpuppen sich die Larven. Es gibt Arten, die sofort nach der Verpuppung schlüpfen, während andere als Puppe überwintern, dazu gehört die Margeriten-Bohrfliege. Sie hatte in der traditionellen Landwirtschaft noch eine Chance, sich fortzupflanzen, wenn ihre Puppen vor der Mahd mit den Samen aus den vertrockneten Blütenköpfen oder auf dem Heuboden ausfallen konnten, bevor sie im Magen der Kühe oder Pferde landeten.

Die Arten, die vor der Mahd aus den Puppen schlüpfen, haben die besten Chancen, sich erfolgreich fortzupflanzen. Eine solche Art ist die Pippau-Bohrfliege *(Tephritis crepidis)*, die sich vom Wiesen-Pippau *(Crepis biennis)* ernährt und zur Zeit der Samenreife aus den Puppen schlüpft.

Wenn also erst nach der Samenreife des Wiesen-Pippaus gemäht wird, dann haben beide Arten noch eine Chance, der zweijährige Wiesen-Pippau, der darauf angewiesen ist, dass er sich erfolgreich aussäen kann, und seine Bohrfliege.

Beim Wiesen-Pippau fand der Biologe Hermann Stickroth interessante Anpassungsprozesse einer Pflanze an die Wiesenmahd. Diese Art ist erst vor ungefähr viertausend Jahren entstanden. Wie der Glatthafer *(Arrhenatherum elatius)* hat sich der Wiesen-Pippau auch erst in der Neuzeit ausgebreitet. Es gibt einen früh und einen spät blühende Typ, der eine blüht vor, der andere nach der ersten Wiesenmahd. Nur der früh blühende Typ wird von der Pippau-Bohrfliege genutzt. Die meisten Herbivoren des Wiesen-Pippaus finden sich aber im unteren Bereich der Pflanze, also in den Wurzeln, am Wurzelhals und im unteren Stängelbereich, und entgehen damit der Mahd.

Wiesen-Pippau kann in der Wiese nur überleben, wenn diese zweijährige Art aussamen kann

Wiesenpippau-Pflanzen in Brachen, wo nicht oder nur gelegentlich gemäht wird, haben eine artenreichere Herbivorenfauna als solche in Wiesen. Daraus lässt sich schlussfolgern, dass selbst die Tiere, die auf dieser evolutionär jungen, durch die Mahd geförderten Art leben, durch die Mahd geschädigt werden.

Hauhechel-Bläulinge legen ihre Eier bevorzugt auf kurzrasige Flächen

Schmetterlinge

Falter werden als relativ große Tiere durch die Mahd leicht geschädigt, haben aber noch immer eine gewisse Chance, vor einem nicht zu schnell fahrenden Mäher zu fliehen. Außerdem leben die Falter meist nur kurze Zeit, entgehen also aufgrund ihrer Kurzlebigkeit oft der Mahd. Eine Art, deren Raupen sich von Wiesenpflanzen ernähren, hat es viel schwerer als eine Art, die nur als Falter hier etwas Nektar sucht. Eier, Raupen und Puppen leben länger und können nicht fliehen, sie sind wesentlich verletzlicher und können die Mahd nur überleben, wenn sie eher am Boden zu finden sind. Dazu gehört der Hauhechel-Bläuling. Die Weibchen des Hauhechel-Bläulings *(Polyommatus icarus)* legen ihre Eier bevorzugt auf kurzrasigen, also beweideten oder frisch gemähten Flächen, vor allem an Hornklee *(Lotus corniculatus)*. Die Larven werden von Ameisen ähnlich wie Blattläuse gemolken und gegenüber Fressfeinden geschützt. Puppen werden oft in Ameisennester eingetragen. Wenn das vor der nächsten Mahd geschieht, kann sich der Hauhechel-Bläuling in den mageren Wiesen fortpflanzen.

Blattläuse

Zu den herbivoren Arten gehören auch die vielen verschiedenen Blattlaus-Arten, viele von ihnen sind auf eine oder nur wenige Pflanzenarten spezialisiert. Oft finden sich gleich mehrere Blattlaus-Arten an einer Pflanzenart. Blattläuse sind eine gutes Beispiel dafür, dass nicht nur jede Pflanze, sondern auch jedes Insekt ein eigener Lebensraum ist, denn auch jedes Insekt hat seine eigenen Parasiten, Parasitoide und Symbionten. Blattläuse ernähren sich von Pflanzensäften und müssen mit der Armut ihrer Nahrung an Vitaminen und essentiellen Eiweißbausteinen zurechtkommen.

Schachbrettfalter & Wiesengräser

Pflanzen und ihre Tiere

Schachbrettfalter

Wiesen-Knöterich ist die Futterpflanze des Blauschillernden Feuerfalters

Gräser prägen seit Millionen Jahren viele Lebensräume unserer Erde, sie werden auch als das »Haar der Erde« bezeichnet. Als windbestäubte Pflanzen bieten sie keinen Nektar und bilden auch keine bunten Blüten, um Bestäuber anzulocken. Aber sie sind im biodiversitätsfördernden Garten keineswegs verzichtbar! Blumenrasen und Blumenwiesen brauchen die Gräser als Rückgrat und Strukturgeber. Ihre Blätter, Wurzeln und Stängel sind genauso Futter für zahlreiche Insekten wie diejenigen der blühenden Kräuter. Es gibt zum Beispiel zahlreiche Schmetterlingsraupen, die sich von Gräsern ernähren. Dazu gehört auch der Schachbrettfalter *(Melanargia galathea).* Dieser Schmetterling braucht magere, blütenreiche Wiesen mit Altgrasbeständen. Die Weibchen lassen ihre Eier einfach zwischen den Wiesenpflanzen auf den Boden fallen. Die Eier sind recht groß für ein Schmetterlingsei, denn die frisch geschlüpften Räupchen überwintern ohne Nahrungsaufnahme, brauchen also einiges an Wintervorrat. Im nächsten Jahr fressen sie an verschiedenen Gräsern, die Verpuppung findet in einem Gespinst am Boden statt. Eine besondere Strategie schützt sie vor so manchem Tiermaul, aber auch vor den Mähgeräten der Menschen: Vor allem die älteren Raupen klettern erst in der Nacht nach oben und werden so beim Mähen und der Heubereitung nicht erfasst. Wichtig ist nur, dass Wiesen und Weiden so gepflegt werden, dass zur Flugzeit im Juli und August genügend Blüten für die Falter als Nektartankstellen vorhanden sind. Dann aber kann dieser schöne Falter noch in größerer Zahl angetroffen werden und wandert auch in so manchen sonnig trockenen und blütenreichen Garten ein.

Der Blauschillernde Feuerfalter *(Lycaena helle)* ist dagegen das Beispiel für eine Schmetterlingsart, die mit der Wiesenmahd nicht zurechtkommt. Die Larven fressen ausschließlich an Wiesen-Knöterich, einer typischen Art der feuchten Bergwiesen in kühler Lage. Eier werden bevorzugt im lückigen, windgeschützten, gut besonnten Pflanzenbestand abgelegt, auch in Brachen und im aufgelichteten Wald. Die Raupen überwintern als sogenannte »Gürtelpuppen« an Stängeln aufgehängt, die später in der Streu am Boden zu finden sind. Die Art kann sich also in Wiesen nicht vermehren, denn auf Wiesen werden die Stängel abgemäht und es kann sich keine Streuschicht entwickeln, sie überleben nur in Säumen und Brachen. Dort verschwindet jedoch die Futterpflanze, der Wiesen-Knöterich, nach einiger Zeit. Blauschillernde Feuerfalter können also nur auf Weiden und auf gelegentlich gemähten Brachen überleben. Mehrschürige Wiesen sind für diese Art deshalb kein Lebensraum, sondern eine ökologische Falle.

Sie leben deshalb in enger Symbiose mit Bakterien, die die Abwehrstoffe entgiften und Stoffe produzieren, die im Pflanzensaft nicht enthalten sind. Teilweise haben die Blattläuse sogar die Gene der Bakterien in ihre eigene Erbinformation integriert. Solch ein »horizontaler Gentransfer« konnte bei den meisten pflanzenfressenden Insektengruppen nachgewiesen werden.

Blattläuse sind mit ihren Mundwerkzeugen fest in der Pflanze verankert oder krabbeln nur sehr langsam. Soweit sie auf den oberen Pflanzenteilen leben, werden sie unweigerlich mitgeerntet und verschwinden dann aus den Nahrungsketten, fehlen also als Futter für Insektenfresser, auch als erste Nahrung für Vogelküken.

Heuschrecken und Zikaden

Viele unserer Grashüpfer ernähren sich von Gräsern, es gibt aber auch räuberisch lebende Arten. Wenn Heuschrecken experimentell aus einem Wiesenstück entfernt werden, zum Beispiel durch die Anwendung von Insektiziden oder indem das Wiesenstück mit einem Netzkäfig überdeckt wird, dann gedeihen die Gräser besser und verdrängen die Kräuter. Der Blütenreichtum einer Wiese hängt also auch von einer artenreichen Tierwelt ab. Dies ist vielleicht neben der Nährstoffanreicherung und der Verfilzung ein unerkannter Grund dafür, dass auf gemulchten Wiesen die Gräser überhandnehmen, denn das Mulchen ist besonders schädigend für die Wiesentiere.

Heuschrecken überstehen eine Mahd oft nicht

Heuschrecken überwintern zumeist als Ei am Boden und haben deshalb im Gegensatz zu Insekten, die als Puppen in Stängeln oder Blütenköpfen überwintern, bessere Chancen, auf Mähwiesen den Winter zu überstehen. Allerdings sind die meisten Heuschreckenarten recht groß und werden deshalb leicht durch rotierende Messer geschädigt. Wenn das Mahdgut, wie heute üblich, nicht auf der Fläche getrocknet, sondern sofort aufgenommen wird, dann überleben nur wenige Heuschrecken die Mahd. Auf Weiden finden sich wesentlich mehr Heuschrecken als auf Heuwiesen, übrigens auch mehr als auf Brachen, denn Heuschrecken brauchen eine eher lückige und durchsonnte Vegetation.

Ähnliche Ergebnisse gibt es für unsere winzigen Zikaden. So fand der Biologe Herbert Nickel selbst auf jungen Weiden ungefähr doppelt so hohe Arten- und Individuenzahlen an Zikaden wie auf Wiesen. Die alte Weidelandschaft im Naturschutzgebiet Erlebachwiesen bei Wölfis in Thüringen wies darüber hinaus sechsmal so hohe Werte auf wie benachbarte junge Weiden.

Wald-Eidechsen überleben eine Mahd nur, wenn hoch über dem Boden gemäht wird

Reptilien und Amphibien

Wirbeltiere sind viel größer als Insekten und werden von konventionellen Mähgeräten meist stark geschädigt. Aber auch der Balkenmäher ist keineswegs harmlos, obwohl er heute als besonders tierschonend gilt. Die ersten Mähmaschinen, die Gras und Getreide schneiden konnten, waren Balkenmäher, und über die schrieb Heinz von Ragnow 1934: »Weite Wiesen, ehemals die froschreichsten in hiesiger Gegend, in der Mark Brandenburg, sind seit Benutzung der Mähmaschinen einfach ohne Frösche. In den ersten Jahren ihrer Einführung war das Mähen mit Maschinen wegen der Menge der in die Messer geratenen Frösche oft sehr schwer, alle zwanzig Meter fast mussten die verstümmelten und zerquetschten Frösche daraus entfernt werden. Ein furchtbarer Anblick für den Naturfreund! Heute passiert das kaum mehr, eben weil keine Frösche mehr da sind.« Unmengen von Fröschen im Balkenmäher? Den Artenreichtum der traditionellen Kulturlandschaft können wir uns heute nicht mehr vorstellen.

Bestäuber

Eine Blumenwiese ist zur Zeit des Schnitts ein gefährlicher Ort für die Tiere, die auf der Ebene der Schnittmesser oder darüber leben. Bis zum Schnitt aber bieten Kräuter und Gräser reichlich Nahrung und blütenreiche Wiesen ziehen vor allem Blütenbesucher an. Für Tierarten, die sich außerhalb der Gefahrenzone vermehren, am Boden oder dort, wo nicht gemäht wird, sind Blumenwiesen ein wichtiger Teil ihres Lebensraumes. Dazu gehören zum Beispiel Wildbienen, deren Nester entweder im Boden sind oder in Hohlräumen von Mauern oder Bohrgängen in Lebensraumholz, oder Schwebfliegenarten, deren Larven sich außerhalb der Wiese entwickeln. Denn nicht alle Schwebfliegenlarven ernähren sich von Blattläusen und werden ähnlich wie ihre Beute von der Mahd geschädigt. Arten, deren Larven sich anderweitig ernähren, zum Beispiel in schlammigen Pfützen, in Ameisenbauten, von

Gewöhnliche Schmalbiene, ein typischer Blütenbesucher

Blütenbesucher profitieren von der Pracht der Blumenwiesen – so lange diese nicht plötzlich verschwinden, wenn gemäht wird

toten Hautflüglern oder in Dung, profitieren als Blütenbesucher und Bestäuber vom großen Blütenreichtum ungemähter magerer Wiesen.

Ein weiterer Grund, warum viele Blütenbesucher der Mahd entgehen, ist ihre kurze Lebensdauer, verbunden mit zügiger Partnersuche und Eiablage. Wenn die Eier vor der Mahd an einem sicheren Ort abgelegt werden konnten, dann ist es für die nächste Generation unwichtig, dass und wann geschnitten wird.

Dazu gehören vor allem die verschiedenen Wildbienenarten, denn sie leben oft nur wenige Wochen, brauchen in dieser Zeit aber zahlreiche Blüten ihrer Pollenpflanzen. Wenn in der Nähe der Blumenwiesen geeignete Nistplätze und Nistbaumaterial vorhanden sind, die Flugzeit außerhalb der Mahdzeitpunkte liegt und die benötigten Pflanzenarten in ausreichender Menge in der Wiese wachsen, dann sind Blumenwiesen sehr wichtige Pollen- und Nektarquellen für Wildbienen und andere Bestäuber.

Knautien-Sandbiene & Wiesen-Witwenblume

Pflanzen und ihre Tiere

Die Wiesen-Witwenblume *(Knautia arvensis)* ist in biodiversitätsfördernden Gärten unverzichtbar. Sie ist eine typische Begleitstaude, die den Primadonnen, den Leitpflanzen, eine schöne Bühne bereitet. Wie kleine violettblaue Sonnen leuchten ihre Blütenstände von Mai bis August. Wiesen-Witwenblumen kommen mit vielen Standorten zurecht, haben es aber wie viele Wildpflanzen am liebsten mager und sonnig. Aber auch auf nährstoffreicheren Böden können sie sich immer noch zwischen die anderen Pflanzen mogeln, verdrängen ihrerseits aber keine anderen Arten. Um sie zu fördern, sollten wir immer die Samenstände stehen lassen. Die frischgrünen Samen sind bei Stieglitzen beliebt und die Körnchen, die nicht im Vogelmagen verschwinden, sondern auf den Boden fallen, sorgen dafür, dass die Art in unserem Garten herumvagabundieren kann. Die schöne Farbe der Wiesen-Witwenblume harmoniert sowohl mit kräftigen gelben Farbtönen, wie den Blüten des Johanniskrauts *(Hypericum perforatum)* oder des Kleinen Habichtskrauts, als auch mit anderen pastelligen Farben, zum Beispiel den rosa Blüten der Moschus-Malve und den weißen der Großen Pimpinellen *(Pimpinella major)*.

Knautien-Sandbiene

Es ist nicht einfach, die Wiesen-Witwenblume und die meist später blühende Tauben-Skabiose auseinanderzuhalten. Beide haben hellblauviolette Blütenstände und fiederspaltige Blätter, aber der Name Witwenblume schafft eine schöne Eselsbrücke: Bei den »armen« Witwenblumen haben die einzelnen Blütchen im Blütenstand vier Zipfel, bei der Skabiose fünf.

Viele, viele Wiesen-Witwenblumen, das hilft auch den vielen Tierarten, die von der Wiesen-Witwenblume leben. Manche sind selbst wunderschön, so finden sich regelmäßig grün schillernde Scheinbockkäfer oder gelb-schwarz gestreifte Schwebfliegen auf den Blüten ein. Wer Glück hat, kann auch kleine Schmetterlinge wie das irisierende Grünwidderchen *(Adscita statices)* oder das kontrastreiche schwarz-rote Blutströpfchen *(Zygaena filipendulae)* beobachten. 56 Insektenarten knabbern an der Pflanze selbst.

Eine Art, die besonders viele Witwenblumen braucht, ist aber die Knautien-Sandbiene *(Andrena hattorfiana)*. Diese Wildbienenart sammelt den Pollen für ihren Nachwuchs nur an Witwenblumen und an der verwandten Tauben-Skabiose. Für ein Nest braucht sie über 70 Blütenstände. Zählen Sie doch mal die Wiesen-Witwenblumen in Ihrem Garten: Da geht bestimmt noch mehr! Die hübsche

Je magerer ein Standort ist, desto blütenreicher ist er, vor allem im Spätsommer. Offene Stellen sind erwünscht.

Wildbiene mit dem rötlichen Hinterleib trägt nach der Pollenernte rosarote Pollenpakete an den Beinen. Roter Bauch und rote Hosen auf einer Wiesen-Witwenblume, das ist mit großer Wahrscheinlichkeit die Knautien-Sandbiene.

Als Nistplatz brauchen die Knautien-Sandbienen irgendwo ein Plätzchen mit offenem Boden. Das kann auch ein sonniges Stückchen Rasen sein, wo sich ein Trampelpfad entwickelt hat. Dort legt sie dann ihre Nester an. Da auch andere Wildbienenarten offenen Boden für ihre Nester brauchen, sollten Kahlstellen im Rasen oder Trampelpfade in Parks nicht ausgebessert und nicht neu eingesät werden.

Auch der grüne Scheinbockkäfer liebt die Wiesen-Witwenblume

Von der Wiese zum grünen Teppich

Grasmonokulturen im Garten

Wirtschaftswiesen dienen heute der Grasproduktion und werden mit reichlich Düngergaben und häufigen Schnitten zur Höchstleistung angetrieben. Allein schon durch diese Bewirtschaftung werden die Gräser gefördert und blühende Pflanzen verdrängt, denn nur Grasblätter können nach einem Schnitt einfach weiterwachsen, sie müssen nicht wie die Kräuter neu austreiben. Damit ähneln sich die Wirtschaftswiesen und die Intensivrasen unserer Gärten. Auch hier ist der dichte Grasteppich ohne störende Kräuter das Ziel, auch hier werden mithilfe von Dünger, Herbiziden und häufigem Schnitt die Gräser gefördert. Nur einen Unterschied gibt es zwischen Wirtschaftswiese und Intensivrasen: Das, was die Fläche produziert, nämlich der Grasschnitt, wird bei Rasenflächen als Abfall entsorgt und nicht weiterverwendet.

Wie kam es eigentlich zu dieser merkwürdigen Art, eine Gartenfläche so anzulegen, dass ich mit viel Aufwand etwas produziere, was ich gar nicht brauche? Das hängt damit zusammen, dass die Natur der Rasen und Wiesen unters Messer kam, nämlich unter die Messer des Rasenmähers.

Das Ideal vom grünen Teppich

Im 19. Jahrhundert, dem Jahrhundert der Industrialisierung, lösten Maschinen die Handarbeit ab. Die industrielle Revolution begann in England und erfasste zuerst die Textilindustrie. Edwin Beard Budding, ein englischer Ingenieur, sah in einer Tuchfabrik eine Maschine, die abstehende Fasern von fertig gewebten Samtstoffen abschnitt. Er erkannte, dass man mit einer ähnlichen Messerspindel auch Gräser schneiden könnte: 1830 war das Geburtsjahr des Rasenmähers.

← Rasen an historischen Gebäuden sollten auch aus denkmalschützenden Gründen nicht als Intensivrasen (oben), sondern als Blumenkräuterrasen gepflegt werden, wie hier beim Schloss Gersfeld (unten)

Einheimische Goldrute blüht auf nur gelegentlich gemähten mageren Flächen wie hier in der Döberitzer Heide

Das Vorbild für den Rasenmäher kommt aus der Textilindustrie und so wurde der Rasen zu einem technischen Produkt: Wie ein Teppich oder ein Samtstoff sollen die Grashalme dieselbe Höhe haben, die angestrebte Farbe ist ein einheitliches Grün.

Die Qualität des Rasens erscheint abhängig von der Qualität der eingesetzten Maschinen und der Qualität der Mittel, mit denen er behandelt wird. Ein ganzer Industriezweig setzt heute dazu Standards für das Aussehen des idealen Rasens und verkauft Maschinen und Mittelchen, mit deren Hilfe der grüne, dichte und weiche Teppich erreicht werden soll.

Wie anders sind dagegen die natürlichen Rasenflächen: voller bunter Blüten und biodiversitätsfördernder Strukturen.

So weit von seinem natürlichen Vorbild entfernt, kann der Teppichrasen nur durch vielfältige Eingriffe erhalten werden. Denn eigentlich ist eine offene, besonnte Fläche ja ein Lebensraum für besonders viele Pflanzen und Tiere und diese werden immer wieder versuchen, diese Fläche zu besiedeln. Weil sie aber nicht in das Ideal des gleichförmigen Teppichs passen, sind sie unerwünscht, werden als »Unkräuter« und »Schädlinge« bezeichnet. Ähnlich einer Monokultur besteht der moderne, konventionelle Rasen aus nur wenigen Grassorten und ist damit weit von natürlichen Pflanzengemeinschaften und ihren Regelungsmechanismen entfernt. Die Spuren der Nutzer der wenigen verbliebenen Pflanzenarten werden nur deshalb sichtbar, weil sie im Schlaraffenland leben: Der Weg zur nächsten Futterpflanze ist kurz, die natürlichen Feinde sind fern. Pflanzennutzer wie Schmetterlingsraupen, Drahtwürmer und Engerlinge können deshalb das Erscheinungsbild des Rasens verändern und sie werden damit zu einem Problem. In einem artenreichen Rasen würde ihre Anwesenheit in den meisten Fällen gar nicht auffallen.

Das beste Beispiel für diese ästhetische Empfindlichkeit des Teppichrasen-Ideals ist vielleicht, dass zuweilen sogar Regenwürmer als Schädlinge betrachtet werden, weil ihre Ausscheidungen (Kothäufchen) das gleichmäßige Bild verunstalten oder auf Golfrasen den gleichmäßigen Lauf des Golfballes verhindern. Da bedauern die Rasenbesitzer und -pfleger, dass hierzulande keine Mittel gegen Regenwürmer zugelassen sind. Es wird sogar empfohlen, alles Schnittgut sofort zu entfernen, damit die Regenwürmer keine Nahrung finden. Dabei gibt es keinen besseren organischen Dünger als Regenwurmkot und keine besseren Bodenlockerer und Bodenbelüfter als die Regenwürmer. Durch ihre Ausscheidungen entstehen die für die Bodenfruchtbarkeit so wichtigen Ton-Humus-Komplexe, die für eine hohe Aufnahmefähigkeit von Nährstoffen und Wasser sorgen. An ihnen leben unzählige Kleinstlebewesen, die für ein gesundes Bodenleben nötig sind.

Wir haben jetzt die Achillesferse des modernen Rasens entdeckt: Artenarmut und das Gleichmäßigkeitsideal können nur durch vielfältige Eingriffe erreicht und erhalten werden. Wenn die Gräser regelmäßig gemäht werden und das Schnittgut entfernt wird, dann gleicht die Bewirtschaftung fast schon einem Acker, auf dem regelmäßig einmal in der Woche geerntet wird. Um den Nährstoffentzug auszugleichen, muss gedüngt werden. Wenn mineralischer Dünger eingesetzt wird, dann wird das durch den ständigen Entzug von organischer Masse bereits verarmte Bodenleben noch weiter geschädigt. Verhärtung und Verdichtung der Bodenstruktur sind die Folgen. Dies macht die Rasengräser einerseits empfindlicher gegenüber Pilzerkrankungen, andererseits führt es zu Staunässe, vor allem im Winter. Durch Staunässe wiederum wird die Moosbildung in der feuchten Jahreszeit gefördert, was den Einsatz von Moosvernichtern im Frühjahr nach sich zieht. Gänseblümchen, Ehrenpreis und Löwenzahn, die auf diesen Flächen noch wachsen können, wird mit Herbiziden der Garaus gemacht. Das bewirkt dann eine weitere Verarmung des Bodenlebens.

Leider ist kaum bekannt, dass das Risiko für die Anwender von Pestiziden, zu denen die Unkrautvernichter zählen, nicht unerheblich ist. So wurden immer wieder Hinweise gefunden, dass Herbizide, insbesondere in Kombination mit anderen chemischen Stoffen, hormonähnliche Wirkungen auf Mensch und Tier haben oder an der Entstehung von Krebs beteiligt sein können. Bei Untersuchungen der Sicherheit von Umweltchemikalien werden nur die Reinstoffe untersucht, nicht aber die Kombinationen, die bei der Anwendung entstehen können.

Kurz wie das natürliche Vorbild, der Weiderasen, aber für Tiere kein Lebensraum. Sollte sich doch ein Tierchen auf die Flächen trauen, wird ihm der Mähroboter (unten) zum Verhängnis.

In Neubaugebieten sehen wir einen weiteren Trend: Das neue Haus ist bezogen, die Einrichtung ist gekauft, nur der Garten ist noch eine Schlammwüste. Was liegt da näher, als draußen genauso zu bauen wie im Haus? Der Bodenbelag und das Mobiliar werden ausgesucht, eine Gartenbaufirma wird beauftragt. Sie verlegt Terrassenplatten, pflanzt Gehölze an der Grundstücksgrenze und verlegt Rollrasen auf der übrigen Fläche – fertig ist der Garten. Beim Rollrasen ist die Ähnlichkeit zwischen Rasen und Teppich offensichtlich und reicht bis in die Lieferform und Verlegetechnik.

Besonders auf unseren Sportplätzen geht der Trend teilweise noch weiter. Hier wird zunehmend Kunstrasen eingesetzt, die Entwicklung von einem artenreichen Biotop zum leblosen technischen Produkt scheint an ihrem Endpunkt angekommen zu sein. Die

Kontrastprogramm: Diese traditionelle Laubwiese auf Öland ähnelt der europäischen halboffenen Naturlandschaft und ist deshalb sehr artenreich. Wir fühlen uns dort sofort wohl.

vermeintliche Pflegeleichtigkeit der Kunstrasen wird durch reichlich zusätzliches Mikroplastik in unserer Umwelt erkauft, denn als Füllmaterial, mit dem die Zwischenräume zwischen den Plastikhalmen gefüllt werden müssen, damit diese aufrecht stehen bleiben, wurde zumeist ein Granulat aus Altreifen eingesetzt. Eine Systemanalyse des Fraunhofer-Instituts für Umwelt-, Sicherheits- und Energietechnik hat ergeben, dass so ein Kunstrasenplatz im Jahr drei Tonnen Plastik freisetzt. Das entspricht dem Gewicht von drei Kleinwagen. Die ansonsten teuer zu entsorgenden Altreifen werden hier also klein geschreddert wieder verkauft und entsorgt, indem die Sporttreibenden sie gleichmäßig in unserer Umwelt verteilen. Inzwischen wurde das Problem erkannt, seit 2019 werden hierzulande keine Kunstrasenplätze mehr gefördert, die mit Kunststoffgranulat gefüllt worden sind, und seit 2023 ist der Neubau in der Europäischen Union verboten. Allerdings wird für bestehende Plätze der Verkauf von Kunststoffgranulat erst 2031 endlich verboten sein. Dann haben diese Plätze das Ende ihrer Lebensdauer erreicht. Ein Plastikrasen wird oft so wahrgenommen, dass er, weil er nicht lebt, auch ewig hält. Nach zehn bis fünfzehn Jahren ist dann aber auch ein alternativ mit Olivenkernen oder Kork befüllter »dauerhafter« Kunstrasen zu Plastikmüll geworden und muss ersetzt werden.

Ein Rätsel und seine Lösung – die Geschichte der Wiesen und Weiden

Das Rätsel

Am vorläufigen Endpunkt der Geschichte der Rasenflächen in Gärten und auf Grünflächen stellt sich also die Frage: Wie könnte eine biodiversitätsfördernde, naturnahe Alternative aussehen? Sollten wir einfach die Hände in den Schoß legen und nichts tun, die Flächen der Natur, der Wildnis überlassen? Dann entwickeln sich aus den Rasenflächen als Erstes Brachen. Hohe Gräser und hohe Kräuter wie Pastinake oder Wilde Möhre siedeln sich an. Nach kurzer Zeit kommen die ersten Brombeeren und andere Sträucher auf. Und schon nach wenigen Jahren sind die Flächen von einem Jungwald bewachsen. Das wäre ja schön und gut, wenn diese »Sukzession« genannte Entwicklung zum Wald unsere biologische Vielfalt optimal fördern würde. Leider ist das aber nicht so. Wälder sind artenärmer als eine reich strukturierte Landschaft mit einer vielfältigen Mischung aus kurzrasigen Flächen, höheren Wiesen und Säumen, Gebüschen, einzeln stehenden Großbäumen und waldartigen Feldgehölzen. Und weltweit gehen vor allem die Arten solcher halboffenen Landschaften zurück und insbesondere die reiche Vielfalt der Wiesen, Weiden und Säume.

Das ist ja schon ein Rätsel: Warum geht die biologische Vielfalt zurück, wenn wir der Natur ihren Lauf lassen, und warum müssen wir immer wieder eingreifen, also Flächen beweiden, abmähen, Gehölze herunterschneiden und Gewässer entkrauten, um Arten einen Lebensraum zu bewahren? Um diesem Rätsel auf die Spur zu kommen, machen wir einmal eine Zeitreise und schauen, in welcher Umwelt unser Verständnis von Natur entstanden ist, und in welcher Umwelt sich die Arten, die uns umgeben, eigentlich entwickelt haben.

← Savanne? Nein, eine Weidelandschaft in Schleswig-Holstein (Beweidungsgebiet Holnis)

Im Wald von Fontainebleau

Postkarte aus dem Jahr 1910

Wir beginnen in der Zeit, in der die Biologie als Wissenschaft entstand, zum Beispiel hier, im Wald von Fontainebleau im Jahr 1846, gemalt von Camille Corot (kurze Zeit nach der Erfindung des Rasenmähers). Ein Jahr zuvor war der erste Band von Alexander von Humboldts »Kosmos« erschienen, eine erste naturwissenschaftliche Weltbeschreibung. Dreizehn Jahre später, im Jahr 1859, erschien Charles Darwins grundlegendes Werk über »Die Entstehung der Arten«. 1866 begründete Gregor Mendel mit seinen berühmten Kreuzungsexperimenten die Vererbungslehre und ab Mitte der Zwanzigerjahre des 20. Jahrhunderts entstanden Vegetationskunde und Pflanzensoziologie.

Dass die Entstehungszeit der Biologie als Wissenschaft auch in der Landschaft von enormen Umbrüchen geprägt war, sehen wir am Vergleich des Bildes von Corot

Mitte des 19. Jahrhunderts war der Wald von Fontainebleau noch eine halboffene Weidelandschaft mit alten Eichen (Forêt de Fontainebleau von Camille Corot, 1846)

Wenn auf halboffenen Flächen mit frei stehenden Eichen nicht mehr beweidet wird, entsteht ein dunkler Wald, in dem die Eichen sterben

mit einer Postkarte aus dem Wald von Fontainebleau aus dem Jahr 1910. Während das Foto aus dem Jahr 1910 einen Wald zeigt, wie wir ihn kennen, Bäume dicht an dicht und wenig Raum für Kräuter und Gräser, ist auf dem Gemälde aus dem Jahr 1846, also nur 60 Jahre vorher, der *Forêt de Fontainebleau* für uns eigentlich nicht als Wald zu erkennen. Da ist eher eine Wiesenlandschaft mit einzelnen alten Bäumen, Steinhaufen und Felsen, hohen Stauden und einem Kleingewässer. Wir erkennen in der hohen Biodiversität dieser Landschaft das Vorbild für unsere naturnahen Gärten.

Der Forst von Fontainebleau war seit dem achten Jahrhundert ein fürstliches Jagdgebiet und wie in allen anderen Forsten waren dort das Fällen von Bäumen und die nichtfürstliche Jagd verboten, allerdings durften die Bauern im Wald ihr Vieh hüten. »Forst« war ursprünglich etwas ganz anderes als das, was wir heute darunter verstehen: ein fürstliches Jagdgebiet, das durch Beweidung bewirtschaftet wurde und sich oft durch viele alte Eichen auszeichnete.

Im Forst von Fontainebleau wurde die Beweidung 1853 verboten, und tatsächlich entstand durch Sukzession und Aufforstung das, was wir heute unter Wald oder Forst verstehen: ein dichter Baumbestand. Nun wurde gerade gewachsenes Wertholz produziert, das für den Bergbau dringend benötigt wurde. Allerdings gehen in dem dichten Wald die Eichen zurück. Alle Eichen, die dort heute noch vorkommen, stammen aus dem 16. oder 17. Jahrhundert, junge Eichen kommen nicht mehr hoch. Dies ist übrigens ein Phänomen, das in vielen Wäldern mit alten Eichen zu beobachten ist: Die Eichen stammen aus einer Zeit, in der der Wald offener und beweidet war, nach Aufgabe der Beweidung sterben die Eichen nach und nach und es gibt auch keinen Eichenjungwuchs mehr. Auch auf den Waldweiden Rumäniens (siehe Seite 59) ist das zu beobachten.

Trennung von Wald und Feld

Grasfluren gibt es in unbeweideten Wäldern nicht, sie finden sich außerhalb des Waldes, dort, wo das Vieh eingehegt durch Hecken und Zäune weidet oder wo Heu geschnitten wird. Dies war also die Landschaft, die von den ersten Wissenschaftlern der noch jungen Vegetationskunde vorgefunden wurde: Wald, der sich überall entwickelte, wo Menschen das Land nicht mehr durch Ackerbau oder Beweidung bewirtschafteten, und Grasfluren dort, wo geweidet oder gemäht wurde. Wald wurde und wird deshalb als »natürlich« und Wiese und Weide als »künstlich« wahrgenommen und bewertet.

Das schlägt sich noch heute in der Bewertung von Lebensräumen nieder: Bei einem Forschungsprojekt zur Auenrenaturierungen an der Oster im Saarland entstanden Auwälder. Die typischen Offenland-Tierarten, gerade auch die auentypischen Käferarten, gingen zurück. Die Forschenden kommentierten: »Angestrebt wird keine künstlich erhöhte, sondern eine natürliche Biodiversität.« Dort, wo Biodiversität eingeteilt wird in »künstlich« und »natürlich«, ist der »künstliche« Anteil der Biodiversität immer in Gefahr, einem vermeintlich »natürlichen« Prozess geopfert zu werden.

Hotspots der Biodiversität – Bäume, Sträucher und Grasland an einem Ort

Aber es ist ja schon erstaunlich, dass genau in diesen »künstlichen« Landschaftstypen die biologische Vielfalt so hoch ist. So sind 80 Prozent der endemischen (also nur hier vorkommenden) Gefäßpflanzenarten Mitteleuropas Arten der Offenland-Ökosysteme. Eine Art, die nur hier vorkommt, ist wahrscheinlich auch hier entstanden. Besonders reich an endemischen Arten sind außerdem die besonders alten Ökosysteme. Das gilt auch für ganz Europa. Forschende fanden unter den 6200 endemischen Pflanzenarten in Europa nur 773 Waldarten, aber 1320 Arten der Grasländer. Sie schließen daraus, dass Wälder während der Evolution der Arten eher unbeständig waren und wahrscheinlich nie über längere Zeit große Flächen bedeckt haben.

Ohne Weidetiere würde diese märchenhafte Landschaft zu dichtem Wald

Naturgeschichte der Graslandökosysteme

Um eine Lösung für dieses Rätsel, dass die »künstliche« traditionelle Kulturlandschaft eine viel größere Artenvielfalt aufweist als die vermeintlich »natürliche« Waldlandschaft, zu finden, suchen wir nach der Rolle der Graslandschaften in vormenschlicher Zeit. Dabei ist es erst einmal erstaunlich, wie alt manche Tier- und Pflanzenarten eigentlich sind. So kam Efeu schon vor vielen Millionen Jahren in den Wäldern des Miozäns in Europa vor.

Genau zu dieser Zeit begann auch eine starke Abkühlung des Weltklimas. Weltweit, auch in Europa, entstanden Savannen. Gräser breiteten sich aus und viele pflanzenfressende Säugetiere fingen an, sich vorzugsweise von Gräsern zu ernähren. Aus »Browsern«, Arten, die sich von Blättern und Knospen ernähren, wurden »Grazer«. Weil Gräser durch die Einlagerung von Kieselsäure im Blattgewebe viel härter sind als Blätter von Bäumen, nutzen sich die Zähne von grasenden Tieren schneller ab. Grasfresser können deshalb an sehr hohem Zahnschmelz erkannt werden. Die Gräser wiederum sind in besonderem Maße daran angepasst, abgefressen zu werden. Im Gegensatz zu anderen Pflanzen müssen sie nicht aus schlafenden Knospen wieder austreiben, sondern wachsen einfach weiter – der Grund, warum ein Scherrasen überhaupt funktionieren kann.

Vor etwas mehr als zwei Millionen Jahren begann dann das Eiszeitalter mit seinem Wechsel aus Kaltzeiten, die jeweils ungefähr einhunderttausend Jahre dauerten, und den Warmzeiten, die jeweils ungefähr zehntausend Jahre dauerten. Fast alle Pflanzen- und Tierarten, die es heute bei uns gibt, kamen auch schon in den

In der Geltinger Birk in Schleswig-Holstein halten Konik-Pferde die Flächen offen

letzten Warm- und oft auch Kaltzeiten vor. Allerdings fehlen im Vergleich zu den letzten Warmzeiten in unserer heutigen Landschaft einige beeindruckende Tierarten. Vor allem die großen Tiere, die damals vorkamen, erscheinen uns geradezu exotisch, so als ob es eine afrikanische Savanne bei uns gegeben hätte. In der letzten Warmzeit, der »Eem-Warmzeit«, gab es nicht nur Wildpferde, Wildesel, Auerochsen, Wölfe und Wisente, sondern auch große Elefanten, Nashörner, Flusspferde, Riesenhirsche, Löwen und Hyänen.

In den Travertin-Platten, einem Kalkstein, der in Stuttgart abgebaut wurde, finden sich wunderschöne Versteinerungen aus den letzten beiden Warmzeiten, also Pflanzen- und Tierreste, die ungefähr 130 000 oder 330 000 Jahre alt sind. Auch in der Braunkohle, die in Neumark-Nord in Sachsen-Anhalt abgebaut wird, finden sich Versteinerungen aus dem Eem.

Ein Beispiel: der Wildapfel

Galloway-Rinder im Schatten eines Wildapfelbaums

Wenn wir schauen, unter welchen Bäumen und neben welchen Sträuchern die Elefanten, Nashörner, Löwen, Hyänen, Auerochsen und Hirsche lebten, fällt auf, wie viele lichtbedürftige und dornige Straucharten darunter sind, z. B. Berberitze, Weißdorn, Schlehe, aber auch Wildäpfel. Dornen sind bei Sträuchern eine Anpassung an große Pflanzenfresser, die gerne Blätter und Zweige von Gehölzen fressen. Der Wildapfel *(Malus sylvestris)*, der im Gegensatz zu unseren Kulturapfelsorten auch Dornen hat, ist heute eine sehr seltene Gehölzart. Untersuchungen im Sauerland zeigten, dass es dort zwar noch ältere Bäume, aber keine Jungpflanzen mehr gibt. Im Gegensatz zu den älteren Bäumen, die auch im dichteren Wald noch lange überleben können, brauchen die Keimlinge viel Licht und Luft. Und die Wildapfelsamen keimen bevorzugt nach einer Darmpassage im Saatbeet eines Pferdeapfels oder Kuhfladen. An den vielen dornigen Sträuchern und insbesondere an Arten, die wie Wildäpfel und Eichen gerade als Jungpflanzen viel Licht brauchen, können wir erkennen, dass die typische Landschaft der vergangenen Warmzeiten kein dichter Wald war, sondern eine halboffene Mischung aus beweideten Grasländern, Bäumen und Sträuchern.

Europäische Savannen

Diese versteinerten Großreste von krautigen Pflanzen, Schnecken oder Amphibien und Reptilien zeigen, dass es in den vergangenen Warmzeiten nicht nur Wälder, sondern auch offene und mit kräuterreichen Grasfluren bewachsene Flächen gab. So ist es nicht erstaunlich, dass auch von den Vogelfossilien aus der letzten Warmzeit 28 Prozent von Waldarten und 33 Prozent von Offenlandarten stammen. Sprechender als die Tatsache, dass mehr Fossilien von Offenlandarten als von Waldarten gefunden wurden (die Erhaltung eines Fossils hängt ja von dessen Größe und vom Fundort ab), ist aber, welche Arten es damals gab. Darunter viele der sogenannten »Wiesenvögel«, die heute starke Rückgänge erleben wie Wiesenpieper, Wachtelkönig, Rebhuhn, Wachtel, Stieglitz und Feldlerche.

Wir können also feststellen: Europa (einschließlich Mitteleuropa) ist ein Kontinent der Grasländer. Lange Zeit galt, dass die natürliche Vegetation einer mitteleuropäischen Warmzeit der dichte Laubmischwald ist, weil Laubmischwald dort entsteht, wo der Mensch und seine Nutztiere sich aus der Landschaft zurückziehen und das Wild auf eine Dichte reduziert wird, die eine Regeneration des Waldes erlaubt. Wenn wir aber aus dem wissenschaftlichen Erklärungsrahmen, dem Paradigma des »Warmzeitlichen Waldmeeres« heraustreten, dann werden viele wissenschaftliche Befunde plötzlich verständlicher: So zum Beispiel der Rückgang des Blauschillernden Feuerfalters, dessen Raupen sich ausschließlich von Wiesen-Knöterich ernähren, der auf Weiden erhalten werden kann, aber nicht auf Wiesen (siehe Seite 36).

Sehr viele sogenannte »Wiesenvogelarten« brauchen kurzrasige Flächen, schütter bewachsene Flächen oder Schlammbänke. Auch die meisten typischen Waldvogelarten brauchen Lichtungen im Wald. Das gilt übrigens auch für die meisten Waldschmetterlinge, die durch die »naturnahe« Waldbewirtschaftung, also eine Waldbewirtschaftung, die auf Kahlschläge verzichtet, starke Rückgänge erleben.

»Wiesenvögel« sind also eigentlich »Weidevögel«, so werden sie im Niederländischen übrigens auch genannt. Dazu gehören zum Beispiel der Star, der Kiebitz oder der Rotschenkel. Kiebitze brüten nur in kurzrasigen Flächen und siedeln sich heute eher in Weizen- oder Maisfeldern an, wo ihre Jungen natürlich keine Chancen haben. Rotschenkel brüten in etwas höherer Vegetation, suchen das Futter dann aber in offenen, gerne schlammigen Flächen.

Wiesenpieper sind Weidevögel

Auch Stare sind Weidevögel, sie suchen in der Nähe der Weidetiere nach Insekten

Die vom Vieh heruntergetretenen Ränder von Gewässern sind ein Eldorado für Weidevögel. Leider müssen sie in vielen Gebieten immer noch »ausgezäunt«, also durch einen Zaun vor Beweidung geschützt werden, damit die Tiere die Ufer nicht heruntertreten und die Sumpfpflanzen zerstören. Sumpfpflanzen finden sich in beweideten Kleingewässern übrigens eher etwas vom Ufer entfernt, wie es auf beweideten Flächen in Öland, aber auch in den Savannen Afrikas zu beobachten ist. So gibt es dann beides: Lebensraum für die Offenlandart Kiebitz und auch Lebensraum für Vögel der Röhrichte wie Rohrammer und Teichhuhn. Zu unseren besonders gefährdeten Pflanzen gehören übrigens viele Arten, die an häufig betretene Schlammflächen angepasst sind, wie der Kriechende Sellerie *(Apium repens)* oder der Raue Hahnenfuß *(Ranunculus sardous).*

Die Kulturgeschichte der Grasfluren

Die Evolution des Menschen ist eng mit den Savannen und ihren Tierarten verbunden. Nur in den sich öffnenden Savannen des Miozäns war es vorteilhaft, auf zwei Beinen zu gehen, und nur hier boten die großen Wildtierherden reiche Beute für den sich entwickelnden neuen »Beutegreifer« Mensch.

Die frühen Menschenarten verloren ihr Fell und entwickelten eine Fähigkeit, die sie von fast allen anderen Säugetieren unterscheidet: ihre Körpertemperatur durch starkes Schwitzen auch bei heißem Wetter niedrig zu halten. So konnten sie die Beutetiere, die nicht schwitzen können, durch einfaches Verfolgen erschöpfen und dann leicht erbeuten. Das Volk der San im südlichen Afrika jagt immer noch so. Erst eine reichhaltige Kost mit Fleisch, die durch Erhitzen auch noch gut verdaulich war, machte die Evolution unseres energiezehrenden Gehirns möglich. Homo erectus und der aus ihm entstehende Neandertaler ernährten sich zum größten Teil von Fleisch und waren erfahrene Großwildjäger.

Die beeindruckenden Tierzeichnungen in der Grotte Chauvet, die in der Nähe der natürlichen Steinbrücke Pont d'Arc liegt, stellen eine detailreiche eiszeitliche Großtierfauna dar

Es ist nicht unwahrscheinlich, dass der neue Hetzjäger Homo sapiens, der in der letzten Eiszeit aus Afrika in Europa einwanderte und der seit dreißigtausend Jahren mit dem anderen Hetzjäger in Europa, dem zum Hund domestizierten Wolf, zusammenarbeitet, für das Aussterben der großen Tiere in Europa zumindest mitverantwortlich ist. Die Kulturgeschichte der Grasfluren beginnt also weit vor der Einführung von Ackerbau und Viehzucht, nämlich mit dem Aussterben dieser Großtiere.

Aber auch nach dem Aussterben der meisten großen Pflanzenfresser und Beutegreifer in Europa gab es bis ins Mittelalter Wild, das Landschaften offen halten kann: Wildpferde, Auerochsen und Wisente. Selbst heute gibt es bei uns noch einige Pflanzenfresser, die dort, wo wir gerne dichten Wald sehen möchten, genau deshalb nicht gerne gesehen sind: Biber, Gemse, Steinbock, Braunbär, Elch, Damwild, Rotwild, Wildschwein und Reh.

So zeigt eine Untersuchung mitteleuropäischer Nationalparks, dass dort, wo eigentlich natürliche Entwicklungen vorherrschen sollen, Rotwild immer gejagt und in manchen Fällen sogar gefüttert wird, um eine Schädigung der Bäume zu verhindern. Auch im berühmten Białowieża-Nationalpark in Polen wird im Winter Heu zugefüttert, damit die dort lebenden Wisente nicht die Bäume schädigen. Ohne diesen menschlichen Eingriff wäre der dortige »Urwald« wahrscheinlich viel offener.

Ein weiterer Hinweis auf eine relativ offene Landschaft nach dem Ende der letzten Eiszeit sind Eichenpollen, die in alten Seesedimenten oder Torfschichten gefunden werden. Eichen können sich genauso wie der Wildapfel (siehe Seite 54) im dichten Wald nicht verjüngen. Es gibt eine enge Symbiose mit dem Eichelhäher, der sehr sorgfältig ausschließlich keimfähige Samen in der Krone erntet und sie am Rand von Landmarken, das sind in beweideten Flächen oft Dorngebüsche und ihre Säume, vergräbt. Dort findet die Eiche den perfekten Standort, am Anfang vor den Mäulern der Tiere durch die Dornen geschützt, später über die Dornsträucher

Vor 130 000 Jahren konnten die Menschen noch lebendigen Dickhäutern begegnen (links, Installation im Beweidungsgebiet Schäferhaus). Unter Dornen sind Baumsämlinge gut vor Tiermäulern geschützt (rechts).

hinauswachsend. Wenn die Eichelhäher dann später die nährstoffreichen Keimblätter »ernten«, nehmen die jungen Eichen oft noch nicht einmal Schaden. Im Englischen heißt es deshalb: »*The thorn is the mother of the oak.*« (Das Dorngebüsch ist die Mutter der Eiche.)

Die Rotbuche, die dunkle Bestände bilden kann, in denen nur Buchenjungwuchs eine Chance hat, hat sich in Mitteleuropa erst dort ausgebreitet, wo der Mensch die Landschaft durch seine landwirtschaftliche Tätigkeit stark verändert hatte, nach der neolithischen Revolution. Die Rotbuche ist also ein Kulturfolger.

Die Allmendeweide – Savanne aus Menschenhand

Andererseits weideten nach der Einführung von Ackerbau und Viehzucht auch wieder mehr Tiere in der Landschaft: Hausrinder, Hauspferde, Esel, Ziegen und Schafe, die »Waldweiden« entstanden. Es ist sehr wahrscheinlich, dass diese Gemeinschaftsweiden, Allmendeweiden oder Hutungen genannt, der von Elefant & Co. beweideten Naturlandschaft Europas ähnelten. Dies ist wohl der Grund, warum die heute noch existierenden Waldweiden eine enorm hohe Biodiversität haben: Hier finden sowohl »Waldarten« als auch »Offenlandarten« dicht benachbart einen Lebensraum.

Besonders biodiverstiätsfördernd ist die traditionelle Hütehaltung. Eine Beweidung mit verschiedenen Arten verhindert besonders effektiv die Verbuschung von Offenland und es entstehen zahlreiche Kleinstrukturen, wie zum Beispiel »Badeteiche« von Wasserbüffeln oder Offenbodenstellen in Sandbädern und auf Tierwechseln. Außerdem gibt es bei einer Hütehaltung mit Herdenschutzhunden kaum Probleme mit Beutegreifern wie Wolf, Luchs oder Bär. Es können hochwertige Nahrungsmittel produziert werden, und gleichzeitig wirken die Beutegreifer wie eh und je biodiversitätsfördernd, zum Beispiel indem sie Fuchs und Marder jagen und so Bodenbrütern, die sie selbst nicht jagen, mehr Chancen verschaffen.

Die Waldweiden Rumäniens

Die Waldweiden Rumäniens, insbesondere in Siebenbürgen, gehören vielleicht zu den besten Orten, um sich einer beweideten Naturlandschaft anzunähern. Bei einem Aufenthalt in einem der Dörfer können wir noch Reste einer Landbewirtschaftung erleben, wie sie Jahrtausende überall in Europa und darüber hinaus üblich war. Frühmorgens werden Rinder, Wasserbüffel und Pferde aus den Ställen auf die Dorfstraße gelassen und von den Dorfhirten gesammelt. Dann geht es hinaus in die Landschaft. Dabei ist der Weg der Hirten nicht zufällig, sondern folgt einem traditionellen Plan. Der hat zum Ziel, die vorhandenen Ressourcen möglichst gut zu nutzen, also dafür zu sorgen, dass die Tiere immer genügend zu fressen haben und dass es ihnen gut geht. Wasserbüffel brauchen Plätze und Zeit, sich im Schlamm zu suhlen. Dabei entstehen immer wieder neue Kleingewässer, ein Eldorado für Amphibien und Krebse, die auf Gewässer ohne Libellenlarven und andere jagende Arten angewiesen sind. Dazu gehört nicht nur die Gelbbauchunke, die hier, obwohl am östlichen Rand ihres Verbreitungsgebietes, ihre individuenreichsten Vorkommen hat, sondern auch der Urzeitkrebs *Triops cancriformis,* der ebenfalls flache, nur zeitweise existierende Gewässer braucht. Diese erstaunlichen, kleinen, algenfressenden Krebse schlüpfen

Wasserbüffel halten ihre Badeteiche offen und wasserdicht

aus Dauerformen, die im Boden jahrzehntelang überdauern können, wenn ein kleines Gewässer gerade entstanden ist. Sie können nur so lange darin leben, bis sich die ersten Fressfeinde, zum Beispiel Libellenlarven oder Wasserkäfer, entwickeln.

Der Sommerschildkrebs *Triops cancriformis* ist wahrscheinlich die älteste Tierart, die auf unserer Erde lebt. Schon vor 200 Millionen Jahren schwammen Krebse, deren Fossilien von der jetzt lebenden Art nicht zu unterscheiden sind, in den Schlammsuhlen und Kleingewässern, an denen die Dinosaurier vorbeizogen und die sie vielleicht auch schufen. Heute sind die Vorkommen stark bedroht, denn unsere Flüsse sind begradigt und Kleingewässer zugeschüttet oder ausgezäunt, sodass sie verlanden. So finden sich letzte Vorkommen oft auf Truppenübungsplätzen in den verdichteten Vertiefungen, die Militärfahrzeuge bei ihren Übungen schaffen. Egal, ob ein Dinosaurier, ein Altelefant, ein Wasserbüffel oder ein Panzer das neue Gewässer geschaffen hat, Hauptsache, es ist frei von Libellenlarven und bietet genügend Algennahrung.

Extremadura

Auch in der Extremadura gibt es Vorkommen des Urzeitkrebses. Die Waldweiden, »Dehesas« im Spanischen und »Montado« im Portugiesischen, sind mit einer Gesamtfläche von drei Millionen Hektar das letzte große Waldweidegebiet in Europa, das neben der Beweidung mit Rindern, Pferden, Eseln, Schafen und Ziegen auch

Die Eichenhaine der Extremadura sind die letzten großflächigen Savannen in Europa

zur Schweinemast genutzt wird. Früher wurde der Wert eines Waldes auch bei uns daran bemessen, wie viele Schweine darin gemästet werden konnten. Die lockeren Eichenhaine der Dehesas erinnern uns am ehesten an Streuobstwiesen, und dort können auch Arten beobachtet werden, die früher als typisch für Streuobstbestände bei uns galten, wie Steinkauz, Gartenrotschwanz, Wendehals, Grauammer, Girlitz, Stieglitz, Buntspecht, Grünspecht, Neuntöter, Gartenbaumläufer und Wiedehopf. Heute befinden sich hierzulande – ähnlich wie beim Urzeitkrebs – die letzten Vorkommen des Wiedehopfs oft auf ehemaligen Truppenübungsplätzen. Die Dehesas erinnern in ihrem Ausmaß und in ihrem Artenreichtum durchaus an afrikanische Savannen.

New Forest

Im Süden Englands liegt der Nationalpark New Forest. Interessanterweise wurde er zur selben Zeit wie der Wald von Fontainebleau als Forst, als königliches Jagdgebiet (siehe Seite 50) geschützt. Es durfte also kein Ackerbau mehr betrieben werden, allerdings durften und dürfen »Commoners« weiterhin ihre Rinder und Pferde frei auf den Flächen weiden lassen. Das New Forest Pony ist eine sehr alte lokale Pferderasse. Von September bis November dürfen auch Schweine zur Eichel- und Buchenmast in den Wald getrieben werden. »Brave« Zuchtsauen, die von alleine abends wieder in den Stall kommen, dürfen das ganze Jahr über frei weiden. Im Gegensatz zum Wald von Fontainebleau sind große Flächen weiterhin im Besitz der Krone und so wurde diese Art der Bewirtschaftung nicht zur Zeit der Markenteilung beendet. Die biologische Vielfalt ist beeindruckend und natürlich kommt auch unser Urzeitkrebs hier vor, aber auch immer seltener werdende Arten wie Bienen-Ragwurz *(Ophrys apifera)* oder Lungen-Enzian *(Gentiana pneumonanthe)*, Gartenrotschwanz, Hohltaube

Der Sommerschildkrebs, ein lebendes Fossil, (links) kommt in vielen Waldweide-Gebieten vor, wie im New Forest (rechts), aber auch auf ehemaligen Truppenübungsplätzen wie der Döberitzer Heide

Diese Laubwiese auf Gotland wird intensiv gepflegt und doch – oder gerade deshalb – kommt sie einer Naturlandschaft nahe

und die eher aus dem Mittelmeerraum bekannte Provence-Grasmücke sind hier beheimatet. Auch die seltene Berg-Singzikade, die dort früher vorkam und vielleicht auch heute dort noch überlebt, hat ihren Verbreitungsschwerpunkt eher im Mittelmeerraum. Die Larven leben sechs bis zehn Jahre unter Bäumen oder Sträuchern, aber nur dort, wo der Boden trocken, nur spärlich bewachsen und besonnt ist. Die Männchen singen dann gerne auf hohen Bäumen. Insgesamt hat die Art also Lebensraumansprüche, die einer Allmendeweide entsprechen.

Das können wir auch bei anderen Arten beobachten: Tierarten der halboffenen, beweideten Landschaften wie Wiedehopf oder Blauracke waren früher bei uns häufig, erscheinen uns jetzt aber eher als südliche Arten. Dabei ist es ihnen nicht zu kalt geworden, nur finden sie ihren Lebensraum nicht mehr in Mitteleuropa, sondern eher in den aufgrund des Klimas offeneren Landschaften weiter im Süden.

Wacholderheiden, Waldweiden und Laubwiesen in Skandinavien

Auch in Skandinavien gibt es noch einige Allmendeweiden, zum Beispiel auf den Gipskarstgebieten, den Alvaren von Öland. Und wer begegnet uns dort in temporären Gewässern, die sich vor allem nach Regenfällen bilden? Unser Sommerschildkrebs *Triops cancriformis!* Und mit ihm eine Biodiversität, wie sie bei uns längst verschwunden ist. An den beweideten Kleingewässern suchen Flussregenpfeifer, Rotschenkel, Austernfischer und Kiebitz nach Futter und die Wiesen sind über und über mit Orchideen bedeckt. Im königlichen Forst Hallstorp findet sich eins der letzten Vorkommen des Heldbocks, eines Käfers, der auf frei stehende uralte Eichen angewiesen ist (siehe Seite 76).

Im Gegensatz zu den mitteleuropäischen Waldweiden gehören die Waldweiden der skandinavischen Länder zu den Lebensräumen, die durch die Europäische Union im Rahmen von »Natura 2000« unter einer eigenen Nummer geschützt werden. Auf Öland und der Nachbarinsel Gotland findet sich noch eine große Vielfalt an sogenannten »Lövängar« (Heuwiesen), die ebenfalls (unter der Nummer 6530) europäisch geschützt sind. Auf Gotland wurden sie bewahrt, weil sie sich oft im Besitz der Kirchengemeinden befanden, auch eine Art von Allgemeinbesitz. Sie werden immer noch gemeinsam bewirtschaftet und erhalten. Auf diesen Flächen wird teilweise seit sehr langer Zeit, das können auch tausend Jahre sein, Heu gewonnen, und zwar Wiesenheu und Laubheu. Sie gehören zu den artenreichsten Lebensräumen überhaupt, es wurden bis zu 63 verschiedene Gefäßpflanzenarten pro Quadratmeter gefunden. Im Frühjahr wird das Laub der Bäume zusammengerecht, verbrannt und dann als Dünger auf die Wiesenfläche gestreut. Dort wird dann zwei- oder dreimal Heu gemacht. Bäume und Sträucher erweitern das Volumen des Lebensraumes nach oben, werden aber regelmäßig ganz oder teilweise zurückgeschnitten. Das Schnittgut wurde als Laubheu genutzt. So wird auch sichergestellt, dass die Wiesenflächen nicht zu sehr verschatten. Meist sind die Flächen von einem Zaun umgeben und kaum von einem größeren Garten zu unterscheiden. Ihre Schönheit ist sicherlich einer der Gründe, warum sie heute noch von den Gemeinden erhalten und gepflegt werden.

Von der Allmende zur neuen Wildnis: wilde Weiden

Auf ehemaligen Hutungen finden sich viele Tier- oder Pflanzenarten, die früher häufig waren, inzwischen aber sehr selten geworden sind. Aber wie lange wird es noch Hirten geben, die ihre Viehherden über die Waldweiden Rumäniens oder die Dehesas in Spanien führen? Seit den Neunzigerjahren des vergangenen Jahrhunderts

Wisente in Sielmanns Naturlandschaft Döberitzer Heide halten die Landschaft offen

Wer Beweidungsgebiete mit Haustieren offen hält, wie hier auf der Schmidtenhöhe bei Koblenz, sollte regelmäßig Beziehungspflege betreiben, um bei Tierarztbesuchen Stress zu vermeiden

suchen Naturschutzinitiativen in ganz Europa nach neuen Wegen, europäische Savannenlandschaften zu erhalten oder neu zu schaffen. Manche Projekte bringen Wildtiere auf ihre Flächen oder setzen wildtierähnliche Nutztiere aus und behandeln sie dann ähnlich wie Wildtiere, lassen sie also verwildern.

Allerdings müssen Nutztiere in Deutschland, anders als Hirsche, Rehe oder Wisente, auf Tierkrankheiten untersucht und auch behandelt werden können. Damit das nicht zu viel Stress für die Tiere hervorruft, ist es besser, sie eben nicht verwildern zu lassen und regelmäßig die Beziehung zu ihnen zu pflegen. Dann sind auch Wasserbüffel und Heckrinder zutraulich und zahm.

Egal, ob Wildtier, verwildertes Haustier oder intensiv betreutes Haustier: In Beweidungsprojekten leben die Tiere in natürlichen Herdenstrukturen und zeigen ihr natürliches Verhalten. Oft können Beweidungsprojekte auf ehemaligen Truppenübungsplätzen initiiert werden. Denn dort, wo früher Panzer fuhren, sind überraschend artenreiche halboffene Landschaften erhalten geblieben. Vor allem alte Truppenübungsplätze sind nie intensiv beackert worden, wurden nie mit Kunstdünger und Pestiziden behandelt. Außerdem stellt sich heraus, dass Panzer und andere militärische Fahrzeuge, aber auch der eine oder andere kleinere Waldbrand ein guter Ersatz waren für die großen Tiere, unter deren Einfluss unsere biologische Vielfalt entstanden ist. Viele seltene Arten auf Truppenübungsplätzen sind geschützt, brauchen aber offene Lebensräume, und dann ist eine extensive Beweidung oft die kostengünstigste Möglichkeit, die Vorkommen zu erhalten.

Denn wenn das Militär die Flächen verlässt, verbuschen sie und Wald entsteht, die wertvollen Offenlandarten verschwinden. Was für ein schreckliches Paradoxon: Dort, wo das große Zerstören geübt wurde, entstanden Lebensräume, die verschwinden, wenn die Welt friedlicher wird. Dazu gehört die Döberitzer Heide bei Berlin oder die Schmidtenhöhe bei Koblenz. Sie können nur erhalten werden, indem dort Tiere weiden und hin und wieder auch ein großes Gefährt den Boden und die Vegetation wieder öffnet. Trampelnde und sich wälzende Flusspferde und Nashörner oder Elefanten, die Bäume und Sträucher ausreißen, können wir durch das, was uns an Nutz- und Wildtieren noch zur Verfügung steht, eben nicht imitieren.

Auch in den Allmendeweiden drängten und drängen die Hirten Dornbüsche, die sich zu stark ausbreiten, in regelmäßigen Abständen zurück. Der Dornbusch ist die Mutter der Eiche (siehe Seite 58), kann aber, wenn er sich ausbreiten darf, auch deren Ende sein, wenn durch Verbuschung wieder Wald entsteht.

Auf der Döberitzer Heide weiden in einer nicht zugänglichen Kernzone Wisente, Przewalski-Pferde und Rothirsche, auch ein Wolfsrudel lebt hier. Und wer schwimmt in den Teichen, in denen sich die Wisente suhlen? Unsere Sommerschildkrebse! Gerade die kleinen Teiche, die sich suhlende Wisente oder Wasserbüffel entstehen lassen, sind wertvolle Lebensräume nicht nur für den seltenen Triops, sondern auch für Amphibien wie die Gelbbauchunke. Auf wilden Weiden finden wir sie manchmal sogar in den Trittsiegeln der Weidetiere. Und auf wilden Weiden finden wir viele Elemente, die uns spontan an biodiversitätsfördernde Gärten denken lassen. Die Wasserbüffel verhindern durch Suhlen und Abweiden der Vegetation die Verlandung der Kleingewässer, so wie wir das mit unseren Pflegearbeiten am Teich auch tun. Neue Suhlen, aber auch frische Fahrspuren werden gerne von konkurrenzschwachen Arten wie Gelbbauchunke oder Sommerschildkrebs besiedelt.

Wir können also feststellen: Die Weiden der traditionellen Kulturlandschaft konnten sich direkt aus den natürlichen Weidelandschaften Europas entwickeln. Es bleibt also die Frage: Wie alt sind eigentlich die Blumenwiesen?

Afrikanische Elefanten bauen sich ihre Badeteiche und die Altelefanten haben das wohl in Europa auch so gemacht

Kulturgeschichte der Blumenwiesen

Auf einer Wiese wird Heu gemacht. Das kann ich nur, wenn ich ein Werkzeug habe, mit dem ich genügend Gras auf einmal schneiden kann. Auch wenn es die ersten Sicheln schon vor zwölftausend Jahren gab, so dienten sie am Anfang der neolithischen Revolution vor allem dazu, Getreide zu ernten. Die Heuernte wurde erst in der Eisenzeit mit der Erfindung der Sense möglich. Bis dahin wurde das Vieh mit Laubheu über den Winter gebracht. Laubheu war auch danach noch ein wichtiges Winterfutter, das in sogenannten Laubhütten gelagert wurde. Der wichtigste Vorteil des Wiesenheus bestand übrigens darin, dass nun mehr Tiere über den Winter gebracht werden konnten und dass es dadurch mehr Mist zur Düngung der Felder gab. So wie das Dorngebüsch die Mutter der Eiche ist (siehe Seite 58), so ist die Wiese die Mutter des Getreideackers.

Dabei wurden die Heuwiesen oft zusätzlich beweidet und durch die Behirtung nur zeitweise von der Beweidung ausgenommen. Oder sie wurden genauso wie die Äcker durch Hecken und Zäune vor dem weidenden Vieh geschützt, es waren also eher »Grasgärten«.

Nun sind wir wieder im Wald von Fontainebleau angekommen Im 18. und 19. Jahrhundert gab es nach dem Verschwinden der großen Pflanzenfresser die zweite europaweite Veränderung der Landschaften, die zu einem Rückgang der biologischen Vielfalt führte: Der Landbesitz wurde in der sogenannten »Markenteilung« oder »Verkoppelung« aufgeteilt in Wiese und Weide, in Feld und Wald. Der rechte Winkel zog ein, die gleitenden Übergänge der großflächig beweideten Landschaft verschwanden. Allmenden wurden aufgelöst, die Waldweide wurde verboten.

Heuwiesen sind entstanden, weil sie gemäht wurden

Erst am Ende des 19. Jahrhunderts entstanden großflächig Wiesen, die ausschließlich durch Mahd, ganz ohne Vor- oder Nachweide gepflegt wurden. Wenn die immer gleichen Eingriffe auf eine Fläche einwirken, entsteht ein wiedererkennbarer, relativ unveränderlicher Bestand an Pflanzen, die unter diesen konstanten Bedingungen gut gedeihen

Erst nach dem Verbot der Allmendeweide wurde unsere Landschaft statisch und der rechte Winkel zog ein. So entstanden in den einzelnen »Kästchen« der Landschaft gleichförmige Pflanzenbestände, Waldgesellschaften im Wald, Grünlandgesellschaften auf Wiesen und Weiden.

und sich fortpflanzen können, also einen Konkurrenzvorteil haben. Erst mit der allgemeinen Verbreitung der Heuwiesen entwickelten sich die typischen Wiesengesellschaften und einige Arten, die besonders gut mit den traditionellen Mahd-Rhythmen zurechtkommen, traten vermehrt auf. Dazu gehören der Glatthafer und der Wiesen-Pippau. Diese beiden kurzlebigen Arten konnten sich vor dem ersten Wiesenschnitt oder mit einer Notreife im Heu gut in die relativ offene Narbe der Heuwiesen aussäen.

Es entstand die Pracht der Blumenwiesen, die wir heute schmerzlich vermissen.

Die vorher vorhandene Dynamik – heute abgeweidetes Gras, nach wenigen Jahren ein Dorngebüsch und später eine Baumgruppe oder umgekehrt – war verschwunden. Diese zeitliche Veränderlichkeit ist aber die Grundlage für eine ungeheuer hohe biologische Vielfalt, weil sie viele Flächen schafft, auf denen ein Lebensraum in den anderen übergeht.

Die Landschaft war nun in regelmäßige Kästchen aufgeteilt und innerhalb dieser Kästchen entdynamisiert. Was Wald war, blieb Wald, was Feld war, Feld, was Wiese war, blieb Wiese. Pflanzenbestände waren auf den homogenen Flächen wiedererkennbar und konnten einfach mit den Standortbedingungen in Beziehung gebracht werden.

Wissenschaftliche Erkenntnisse haben eine Geschichte

Wir erleben ein Artensterben, wie es unser Planet zuletzt vor 65 Millionen Jahren gesehen hat, als die Dinosaurier verschwanden. Um diese Biodiversitätskrise zu verstehen und ihr begegnen zu können, sind die Erkenntnisse von Wissenschaftlerinnen und Wissenschaftlern enorm wichtig und die Grundlage für Naturschutzmaßnahmen. Aber Wissenschaft ist kein zeitloses und voraussetzungsfreies Tun, Wissenschaftlerinnen und Wissenschaftler lernen erst einmal an einem bestimmten Ort von ihren persönlichen akademischen Lehrerinnen und Lehrern. Diese Grundlagen hinterfragen die wenigsten Forschenden später einmal, es sind die sogenannten »Paradigmen«.

Wissenschaftliches Verstehen hat also eine Geschichte, ist ein Kind seiner Zeit. Einmal die Geschichte der Fundamente ökologischen Verstehens anzuschauen, ist umso wichtiger, weil die Gedankengebäude der Ökologen nicht nur Lebensräume beschreiben, sondern auch Grundlage für die Bewertung von Lebensräumen sind.

Die Biodiversitätskrise ist vor allem eine Krise der offenen und halboffenen Standorte, Grasländer gehören weltweit zu den besonders bedrohten Lebensräumen. Könnte es sein, dass dies auch mit der Bewertung von Grasländern innerhalb der wissenschaftlichen Gedankengebäude zu tun hat?

Erste Ökologen beschrieben die Landschaft, die sie vorfanden

Insbesondere in Deutschland entwickelte die Vegetationskunde ein fein strukturiertes System der Beschreibung von Pflanzengesellschaften. Wenn wir auf die Karte der sogenannten »potentiellen natürlichen Vegetation«, also der als natürlich angenommenen Pflanzendecke Deutschlands, schauen, sehen wir kaum Graslandgesellschaften. Nur die Offenlandschaften Moor und Salzwiesen werden als natürlich eingestuft.

Interessant ist, dass die am weitesten verbreiteten als natürlich oder halbnatürlich angenommenen Pflanzengesellschaften, die Buchenwälder und ihre verbreiteten »Ersatzgesellschaften«, die Glatthaferwiesen, nach zwei Kulturfolgern, nämlich der Rotbuche und dem Glatthafer benannt sind.

Auch andere Systeme für die Beschreibung der Vegetation bilden die Landschaft der abgegrenzten Räume des frühen 20. Jahrhunderts ab. Hutungen und Waldweiden tauchen nicht auf, sie werden bei Vegetationsaufnahmen auch meist als Wald eingestuft, und deshalb kann es gar nicht mehr auffallen, wenn sie als Lebensraum verschwinden. Oder sie werden als »Mähwiese« eingestuft, wie die nicht der Sukzession überlassenen Teilflächen der Waldweide »Breite« bei Sighişoara (Schäßburg) in Rumänien, obwohl dort nie gemäht wurde. Manchmal hat das zur Folge, dass die Naturschutzbehörden dann plötzlich eine Mahd vorschreiben, um den vermeintlich »richtigen« Zustand, den es nie gab, zu erhalten.

Reich strukturierte Weidelandschaften wie hier die Breite bei Sighișoara/Schäßburg in Rumänien können von Pflanzensoziologen nicht eingeordnet werden. Sie werden entweder als Wald- oder als Wiesengesellschaft eingestuft. So fällt nicht auf, wenn entweder die Bäume oder das Grünland verschwinden.

Für mitteleuropäische Hutungen, also den Landschaftstyp, der der mitteleuropäischen Naturlandschaft wohl am meisten gleicht, gibt es keine sogenannte »Lebensraumtypnummer« im europäischen Schutzsystem »Natura 2000«, das alle schützenswerten Lebensräume beschreiben soll. Und wenn ein Lebensraum keine solche Nummer hat, ist es sehr schwer, ihn zu schützen oder zu erhalten, und vor allem: Es fällt gar nicht auf, wenn er verschwindet. Nur der Verlust mancher Arten, die nicht auf Wiesen oder in Wälder ausweichen können, wird bemerkt, wie das Verschwinden von Schreiadler, Steinadler, Gänsegeier, Blauracke, Wiedehopf oder Steinkauz, um nur einige wenige zu nennen.

Eine Ausnahme bilden die Waldweiden Skandinaviens. Die skandinavischen Länder sind der Europäischen Union erst nach Aufstellung des Natura-2000-Systems beigetreten und haben deshalb bei ihrem Beitritt eine solche Nummer für ihre Waldweiden erwirken können. Eine Möglichkeit, Hutungen im restlichen Europa besser zu schützen, wäre die Erweiterung dieser Definitionen auch auf außerskandinavische Waldweiden.

Neuntöter lieben Weißdorn, ein typisches Gehölz der halboffenen Weidelandschaften

Wenn aus wissenschaftlicher Beschreibung ein Leitbild wird

Die vegetationskundliche Einordnung der Pflanzengesellschaften dient nicht nur der Beschreibung, sondern auch der Bewertung von Lebensräumen, zum Beispiel, wenn Eingriffe in Natur und Landschaft durch Bauwerke oder Straßen ausgeglichen werden müssen. Wald wird in solchen Bewertungssystemen als »natürliche« Vegetation viel höher als sogenannte »halbnatürliche« Vegetationstypen wie Hecken, Magerrasen und Wiesen bewertet. Es ist also bei Baumaßnahmen »billiger«, Grasfluren und Hecken zu zerstören, als Wald. Andererseits ist es besonders lukrativ, als Ausgleich für Eingriffe Wald anzupflanzen. Dabei produzieren Hecken zwei- bis dreimal so viel Blattmasse wie Buchenwald. Diese Blätter werden zu 15 bis 40 Prozent von blattfressenden Insekten gefressen. Einhundert Meter Hecke (drei Meter breit) produzieren so jedes Jahr 25 Kilogramm Insektenbiomasse, was wiederum dem Nahrungsbedarf von zehn Neuntötern oder 14 Dorngrasmücken entspricht.

Im Sossenheimer Unterfeld bei Frankfurt haben Forschende der Senckenberg-Gesellschaft festgestellt, dass dort der Biotopwert (nach dem hessischen Bewertungssystem für die Eingriffsregelung) durch Aufforstungen und Sukzession auf aufgegebenen Streuobstwiesen gestiegen ist, die biologische Vielfalt aber sank.

Unsere Chance – Naturgärten im besiedelten Raum

Der Hauptgrund für den Rückgang der biologischen Vielfalt liegt in der Umwandlung von artenreichen Wiesen, Weiden und Hutungen in Agrarwüsten, also in Land, das mit viel Dünger und sogenannten »Pflanzenschutzmitteln« möglichst viel produzieren soll. Ein Nebengrund ist aber auch das Paradigma des »Waldmeeres«, das genau solche »Mini-Waldmeere« produziert, umgeben von der Agrarwüste. Wiesen und Weiden stehen unter einem enormem Druck von beiden Seiten.

Vorbild Weide und Wiese: Im Garten können wir Flächen schaffen, die zahlreichen Arten einen Rückzugsraum und Nahrung bieten

Es ist an der Zeit, aus dem Paradigma des beginnenden 20. Jahrhunderts hinauszutreten und die biologische Vielfalt in das Zentrum unserer Bemühungen zu stellen. Der besiedelte Raum kann hier Vorreiter sein, zum Beispiel, wenn wir Blumenwiesen so pflegen, dass die biologische Vielfalt durch den Schnitt möglichst wenig geschädigt wird, wenn wir also nur Teilflächen mähen und Altgrasstreifen stehen lassen. Bei einer solchen Pflege, die im Grunde die Einflüsse der großen Pflanzenfresser imitiert, verschwinden dann oft pflanzensoziologisch gut ansprechbare Wiesengesellschaften oder sie entstehen gar nicht erst. Naturschutzinitiativen, die eine biodiversitätsfördernde Wiesenpflege in der freien Landschaft umsetzen, leiden darunter, dass Fördergelder wegfallen können, die ja an das Vorhandensein von bestimmten »wertgebenden Arten« gebunden sind, also an die Reproduktion eines Wiesentyps, den es eigentlich nur fünfzig Jahre lang gab. Und selbst wenn alle Kennarten vorhanden sind, werden in manchen Bundesländern Fördergelder nicht gezahlt, wenn die Flächen nicht gemäht, sondern beweidet werden.

Im Kleinen, im Garten und im Park, sind wir aber frei von solchen Paradigmen und können unser Tun so ausrichten, dass die biologische Vielfalt davon profitiert. Das heißt dann zuweilen, dass wir uns je nach Gusto wie Elefanten, Flusspferde, Auerochsen oder Rehe benehmen sollten. Happy grazing!

Warum gehört der Rasen ins Gartenparadies?

Arkadische Landschaften – paradise lost

Durch die Auflösung der Allmendeweiden verschwand im 19. Jahrhundert ein Landschaftstyp, der Jahrtausende lang in Europa vorgeherrscht hatte: Gleitende Übergänge zwischen Wald, also seltener beweideten und deshalb dichteren Baumbeständen, und offeneren Flächen, auf denen die Dorf- oder Stadthirten ihre Herden öfter weiden ließen. Diese Flächen wurden dann oft als »Heide« bezeichnet, auch wenn dort keine Besenheide *(Calluna vulgaris)* wuchs.

Es gab ein fein ausdifferenziertes System, wann welche Flächen wie genutzt werden durften und wer im Dorf oder in der Stadt welche Nutzungsrechte hatte. Damit wurde sichergestellt, dass die Flächen nicht übernutzt wurden. In Rumänien hatten sich diese sozialen Systeme noch bis in die Achtzigerjahre des vergangenen Jahrhunderts erhalten. Auch die Bergweiden, sie werden in der Schweiz »Alpen«, in Österreich »Almen« und im Bayerischen Wald »Schachen« genannt, befinden sich oft noch im Gemeinschaftsbesitz. Überall in Europa gibt es teils größere oder kleinere Reste von Allmendeweiden, diese Landschaften werden von vielen Menschen als paradiesisch schön empfunden und tatsächlich werden sie auch mal als »Paradies« bezeichnet, wie das »Borkener Paradies« bei Meppen oder das »Jenaer Paradies«. John Milton beschrieb in seinem 1667 erschienenen Gedicht »Paradise Lost« (Das verlorene Paradies) dieses arkadische Landschaftsideal – übrigens einschließlich dort lebender Elefanten.

Wir lieben die einzeln stehenden markanten Eichen, die so charakteristisch für Hutungen sind, und rasten gerne in ihrem Schatten. Hier können wir, geborgen von unserem Baumfreund, den Blick über die blütenreichen Weideflächen in die Weite schweifen lassen und vielleicht auch noch die eine oder andere Tierherde beobachten. Dann werden wir auch eine Menge Vögel und Insekten beobachten können.

← John Constable malte den »Sonnenuntergang bei Dedham«, als die beweidete Parklandschaft durch die Auflösung der Allmende gerade verschwand (oben). »Englische« Landschaftsparks wie der Park in Muskau bewahren die Ästhetik dieser Gemeinschaftsweiden (unten).

Die Flächen rund um die Höfe, auf denen die Tiere weideten, hießen oft »Auf der Heide«

In der Landschaftsmalerei wurden solche Landschaften immer wieder dargestellt und dann oft mit dem Titel »Arkadische Landschaft« versehen. Auch in der Literatur findet sich seit der Antike der Traum vom einfachen, unbeschwerten und gelegentlich freizügigen Leben der Hirtinnen und Hirten. Arkadien gibt es übrigens wirklich, es ist ein Hochland in Griechenland, mit einer durch Beweidung savannenartig anmutenden Vegetation.

Caspar David Friedrich (1774-1840) verewigte in vielen seiner Gemälde solche Landschaften und lässt noch heute ihre Weite und ihre Baumgestalten zu uns sprechen. Auch die Landschaftsbilder von John Constable (1776-1837) zeigen arkadische Landschaften (siehe Seite 72).

Dabei malten beide ihre Bilder, als dieser Landschaftstyp gerade verschwand, denn beide lebten zu der Zeit, als die Markenteilung in vollem Gange war. Ein weiterer Zeitgenosse war Alexander von Humboldt (1769-1855), mit dem die moderne Naturwissenschaft begann. Die Landschaftsmaler des 19. Jahrhunderts hielten im Grunde die Erinnerung an die untergegangenen Landschaften ihrer Kindheit fest.

Auch Caspar David Friedrich sah noch die Allmendeweiden und erschuf seine bedeutungsvollen Bilder aus diesem Fundus (Der einsame Baum, 1822)

Und auch damals waren siedlungsnahe Areale schon Rettungsarchen für die Pflanzen und Tiere dieser hoch biodiversen Flächen: Während die Allmenden aufgelöst und die arkadischen Landschaften in kleine private Portionen aufgeteilt wurden, entstanden an herrschaftlichen Wohnsitzen, aber auch in einigen Städten die ersten Landschaftsparks. Ludwig von Sckell (1750-1823) hat etliche wunderschöne Anlagen geschaffen, wie den Englischen Garten in München oder den Landschaftspark bei Schloss Nymphenburg.

Englische Landschaftsparks mit ihren weiten Rasen- und Wiesenflächen, eingestreuten Wasserflächen und Wasserläufen, einzeln stehenden Bäumen und kleinen Baumgruppen und auch dichteren Gebüschen sind nicht nur Imitationen der einst europaweit vorhandenen artenreichen Hutungslandschaften. Einige von ihnen sind so artenreich, dass sie, obwohl künstlich und künstlerisch angelegt, unter Naturschutz stehen oder sogar den höchsten Schutz-Status bekommen und als FFH-Gebiet bewahrt werden.

Pflanzen und ihre Tiere

Ein Parkbaum und sein Käfer: Eiche & Großer Eichenbock

Auf den Bildern der Landschaftsmaler sind immer wieder große alte Eichen zu sehen, knorrige Baumpersönlichkeiten. Auch wenn sich hin und wieder Personen oder Tiere unter ihren Kronen aufhalten, zum Beispiel arkadische Hirtinnen und Hirten, so sind die Bäume doch meist die Hauptdarsteller. Und es ist ja tatsächlich so, dass unser Blick, wenn er über einen weiten Landschaftspark streift, zuerst an den urigen Baumgestalten hängen bleibt, knorrige Eichen sind da besonders beliebt.

Eichen prägten die meisten Allmendeweiden in Europa und eine frei stehende Eiche bietet wie kein anderer Baum zahlreichen Tieren, Pilzen und Flechten einen Lebensraum. Sobald aber das Grasland verschwindet, weil nicht mehr beweidet oder gemäht wird, und Wald um den alten Baumveteranen aufkommt, ist dieser enorm artenreiche Lebensraum dem Untergang geweiht. Die Eichen und ihre Tierwelt vertragen den Schatten eines dichten Baumbestandes um sie herum nicht.

Eiche im Park von Sanssouci: Heldbock-Käfer brauchen solche frei stehenden, im Absterben befindlichen Eichen mit besonnten Stämmen

So sind viele Tierarten, die nur auf alten Eichen vorkommen, inzwischen selten geworden, wie der Hirschkäfer oder der Große Eichenbock *(Cerambyx cerdo).* Dieser auch »Heldbock« genannte Käfer ist nicht zu übersehen. Der Körper kann bis zu fünf Zentimeter groß werden, bei Männchen kommen dann noch die doppelt so langen Fühler dazu. Die Weibchen legen ihre Eier nur an besonnt stehende alte Eichen, die aufgrund ihres Alters oder einer anderen Schädigung dabei sind, »rückwärts zu wachsen«. In dieser Phase sterben dann die obersten Äste ab, wie es auf dem Bild »Der einsame Baum« von Caspar David Friedrich (siehe Seite 75) zu sehen ist.

Früher wurden Ursache und Wirkung verwechselt und der Eichenbock als Schädling bekämpft, heute ist er vom Aussterben bedroht, denn sein genetisches Programm verlässt sich darauf, dass es überall alte frei stehende Eichen gibt. Käfer, die nach vier bis fünf Jahren aus den Puppen schlüpfen, leben für ein ausgewachsenes Insekt ziemlich lange, sie überwintern erst einmal in ihrer »Puppenwiege«. Im nächsten Sommer legen sie ihre Eier entweder am Mutterbaum ab oder auf einem direkt benachbarten Baum, selten fliegen sie wenige Kilometer weit, um einen neuen Baum zu besiedeln. Abgestorbene Eichen werden allerdings nicht besiedelt, denn die Larven ernähren sich nicht vom Holz, sondern von der Transportflüssigkeit für Speicherstoffe, die im Bast der Bäume transportiert werden. Dort, wo es Große Eichenböcke gibt, können wir also davon ausgehen, dass es seit langer Zeit größere Gruppen uralter und besonnter Eichen gibt. Das bedeutet aber auch, dass es dort, wo der Eichenbock vorkommt, seit Langem offenes, beweidetes Grasland gibt. Der Heldbock ist also kein Waldkäfer, sondern ein »Weidekäfer«. Kein Wunder, seine letzten Lebensbäume finden sich in Deutschland vor allem in alten Landschaftsparks wie in Sanssouci in Potsdam. Auf den Waldweiden in Rumänien ist er noch häufig zu beobachten. Dieser Käfer wird als »Urwaldrelikt« bezeichnet, denn er kommt seit langer Zeit in Europa vor.

Großer Eichenbock am Fuß einer alten Eiche

Andererseitt bezeichnen andere Fachautoren den Heldbock, aber auch Hirschkäfer oder Juchtenkäfer, als Kulturfolger, weil sie eben meist außerhalb der Wälder an alten frei stehenden besonnten Bäumen vorkommen. Der auch »Eremit« genannte Juchtenkäfer ist noch stärker an seinen Heimatbaum gebunden. Wenn die Mulmhöhle, in der er sich als Larve ernährt hat und in der er aus der Puppe schlüpfte, groß genug ist, dann wird er sie nicht verlassen. Die Käfer, die auf einem einzigen Baum leben, sind also eine von den Käfern auf anderen Bäumen verschiedene Population. Wenn dann der Baum gefällt wird, verschwindet diese Population.

Der »Urwald« Europas, in dem Heldbock, Hirschkäfer und Juchtenkäfer leben konnten, ähnelt also eher einer Allmendeweide beziehungsweise einer europäischen Savanne und hat nichts mit den »Waldmeeren« zu tun, die wir sehen, wenn wir an Urwald denken. Damit der Heldbock leben kann, muss sein Urwald eine Waldweide, eine »Urweide« sein.

Der Paradiesgarten

Halboffene Hutungslandschaften sind paradiesisch schön und überdauerten oft in Landschaftsparks. Vom Park zum Garten ist es nur noch ein kleiner Schritt. Und das ist der Schritt durchs Gartentor. Der Garten wird nämlich erst durch die Begrenzung, die ihn umgibt, als privater Raum von seiner Umgebung abgegrenzt. Hier dürfen wenige Menschen entscheiden, was geschieht oder nicht geschieht, was wachsen darf und was nicht. Das Wort »Paradies« stammt aus dem Persischen *»pairi daēza«*, was »eingezäunte Fläche« bedeutet. Der Begriff »Garten« stammt vom germanischen Wortstamm *»gard«*, der sich auch im englischen *»yard«* findet, oder auch in »Gerte« (Weidenstecken), es geht also wieder um eine eingezäunte Fläche. Der Garten entsteht durch seinen Zaun, wird aber gleichzeitig als Paradies gedacht. Und Darstellungen des Paradieses zeigen immer wieder diese wunderbare Mischung aus allem, was uns gefällt: einzeln stehende Bäume, die oft leckere Früchte tragen, Wasserflächen, Sträucher, reicher Blumenschmuck, schattige Plätze und freier Blick über viele Tiere auf blütenreichen Rasenflächen. Ein besonders schönes Beispiel ist das »Paradiesgärtlein« von einem unbenannten Meister (oder einer Meisterin, wer weiß?), das jetzt im Städel-Museum in Frankfurt zu bewundern ist.

Rasenflächen im Mittelalter voller Blüten (Oberrheinischer Meister, 1410/20)

Der Rasen in diesem Paradies ist mit zahlreichen Blumen geschmückt, wobei die meisten Arten bestimmt werden können, genauso wie die Vögel, darunter typische Arten der Allmendeweiden wie Wiedehopf, Pirol, Stieglitz und als Wintergast der Seidenschwanz. Unter den Pflanzen finden sich Gartenblumen wie Levkojen oder Pfingstrosen, aber auch Pflanzen der Weiderasen wie Klee, Schlüsselblumen und Margeriten, dazu Waldpflanzen, z. B. Maiglöckchen, Veilchen und Walderdbeeren. Auch wenn die Artenzusammensetzung eine Sammlung von Marienpflanzen ist, so zeigt dieses wunderbare Gärtlein die typische Gartenmischung aus Gehölzen, Rasenflächen, niedrigen und höheren blühenden Pflanzen.

Paradiesische Pflanzenfülle und Tierreichtum, Geborgenheit und Weite, Genuss reifer Kirschen und Äpfel, ein gutes Buch und Musik, wer strebt nicht nach einem solchen Garten? Nur sind in unseren Gärten die Blüten im Rasen leider inzwischen verloren gegangen.

Gehen Sie doch einmal in die nächstgelegene klassische Gemäldesammlung und schauen Sie sich die Bilder der alten Meister an: überall Blumen auf dem Rasen. Auch der englische Dichter Geoffrey Chaucer (1343-1400) schrieb in *»The Legend of Good Women«:* »das (…), weiche, süße Gras, mit Blumen herrlich bestickt, die voller Süße und Duft waren …«

Der Rasen vor der Erfindung des Rasenmähers

Als Gärten entstanden, die nicht mehr nur der Produktion von empfindlichen Nutzpflanzen dienten, wo Menschen lustwandeln oder sich auf einer lauschigen Bank treffen konnten, wo Kinder spielten, aber wo vielleicht auch die Wäsche in der Sonne gebleicht wurde, waren die Rasenflächen nicht eintönig grün, sondern blumenbunt. Das hängt auch damit zusammen, wie Rasen vor der Erfindung von Rasenmäher, Bewässerungsgeräten, Kunstdünger und der Züchtung von Gräsern angelegt wurde.

Dazu legte man zuerst eine Schwarzbrache an und dann wurden entweder gereinigte Heublumen (der Rückstand, der sich auf dem Tennenboden unter dem Heu ansammelt) ausgesät oder Rasensoden von Weiden der Umgebung ausgebracht. Es wurde also Saatgut verwendet, das wir heute als eine »Aussaat standortheimischer Herkünfte« bezeichnen würden, oder es wurden sogar die Pflanzengesellschaften selbst verpflanzt. Da die Flächen in der Nähe der Gebäude häufiger begangen wurden, empfahlen die meisten Ratgeber der damaligen Zeit die Verpflanzung der Soden von Weiden, denn auf Weiden entsteht ja, anders als auf Heuwiesen, eine belastbare Narbe. Albertus Magnus (um 1200-1280) schrieb 1260 in seinem Buch *»De vegetabilis et plantis«*, bevor man einen Lustgarten anlege, empfehle es sich, den Boden als Erstes von den Unkräutern zu befreien, was allerdings nur gelänge, wenn diese zu Beginn ausgegraben werden, das Gelände geebnet und die ganze Fläche mit kochendem Wasser übergossen wird. Danach solle alles mit guten Soden feinen Grases belegt und mit breiten Holzhämmern festgeklopft werden.

Die Rasenflächen an Schlössern und in Gärten waren also verpflanzte artenreiche Magerrasen, quasi ein mittelalterlicher Blumenkräuter-Rollrasen.

»Urweiden« im Park?

Die Landschaftsparks waren größer als Gärten und nicht immer eingezäunt, aber auch hier sollte ein irdisches Paradies gebaut werden. Sie imitierten nicht nur die fließenden Übergänge der Allmenden zwischen Offenland und Wald aus der Zeit vor der Markenteilung, sie konservierten diesen Lebensraum sogar. Gepflegt wurden

Rasenflächen an historischen Gebäuden sind manchmal Überlebende der artenreichen Allmendeweiden

die Parkrasen nämlich ebenfalls durch Beweidung. Nur die Flächen unmittelbar am Haus wurden – vor der Erfindung des Rasenmähers – regelmäßig mit der Sense kurz gehalten. In den großen Parks gab es schön anzusehende Mini-Bauernhöfe, die für die Haltung und Pflege der Weidetiere zuständig waren. So konnten die Besitzer der Parks geborgen im Schatten der uralten Eichen oder eines kleinen Tempels sitzen und den gemächlich vorbeiziehenden grasenden Tieren zuschauen. Bezeichnungen wie »Tiergarten« erinnern daran, dass dort auch Wild weidete und gejagt wurde.

Aber auch bei einer Neuanlage ist davon auszugehen, dass der Artenbestand der Parkrasen sich meist aus den Weiderasen und Heuwiesen der Umgebung speiste. Bei alten Parkrasen kann es sich also durchaus um Reste von »Urweiden« handeln, letzte Überlebende von artenreichen Weiderasen oder Heuwiesen, die vormals in der Umgebung auf großer Fläche vorkamen. Voraussetzung ist natürlich, dass diese Flächen zwischenzeitlich nie aufgeforstet oder »renoviert«, also umgebrochen und mit reinem Gräsersaatgut eingesät worden sind. Diese letzten Überlebenden unserer Urweiden sind manchmal älter als die Bäume in den meisten sogenannten »Urwäldern« in Deutschland, denn auch diese Wälder entwickelten sich ja aus Allmendeweiden. Die meisten Bäume in ihnen sind nicht älter als 150 oder 200 Jahre. Noch ältere Bäume, oft malerische Eichen, sind zumeist Zeugen früherer Weidenutzung. Sie leiden unter der Beschattung im dichten Wald oder sind schon abgestorben.

Schauen Sie sich doch einmal den vermeintlich »verunkrauteten« Rasen im nächstgelegenen Schlosspark oder alten Friedhof an. Vielleicht schlummert da ja ein Schatz. Wenn Sie dann die Naturschutz- und Denkmalschutzbehörden darauf aufmerksam machen, können Sie diese Schätze vielleicht vor der nächsten gut gemeinten, für die biologische Vielfalt aber fatalen Renovierung retten.

Urbane Urweiden retten

Die größte Gefahr droht den wertvollen alten Parkrasen bei Restaurierungsarbeiten und durch eine Pflege, die als Ziel die neuzeitliche Grasmonokultur hat. So empfiehlt die Deutsche Gesellschaft für Gartenkunst und Landschaftskultur (DGGL) zur Rasenpflege: [...]»Düngen, Bewässern, Besanden, Abschleppen, Aerifizieren, Vertikutieren, **Unkraut**- und Schädlingsbekämpfung, [...]« (Hervorhebung U.A.). Auch ein Fachbericht von der Forschungsgesellschaft Landschaftsentwicklung Landschaftsbau e.V. (FLL) und DGGL hält bei den Rasenflächen eine Schlegelmahd für vertretbar.

Artenreiche Flächen sollten jedoch, um die biologische Vielfalt zu schonen, keinesfalls mit Schlegel- oder Mulchmahd gepflegt werden und auch nicht aufgedüngt werden. Besonders biodiversitätsfördernd ist die Beweidung, was ja auch in vielen Fällen der traditionellen Pflege dieser Flächen entspricht. Die Einsaat einer Regelsaatgutmischung, auch von sogenannten »Landschaftsrasen«, würde standortfremde Genotypen auf die Flächen bringen. Insbesondere Arten, bei denen in jeder Landschaft eine eigene Unterart vorkommt, wie bei Schafgarbe *(Achillea millefolium)* oder Wiesen-Flockenblume *(Centaurea jacea)*, sind da gefährdet. Stattdessen sollte Schnittgut aus dem wertvollen Pflanzenbestand als Heumulchsaat zur Begründung neuer Bestände genutzt werden, manchmal wird auch Sodensicherung oder Sodenverpflanzung möglich sein. Bei unumgänglicher Neueinsaat sollte Blumenkräuter-Rasensaatgut möglichst standortheimischer Herkünfte und kein sogenannter »Landschaftsrasen« verwendet werden, dies gilt besonders in unmittelbarer Nähe alter historischer Parkrasen.

Auch die Pflege sollte die blütenreichen Rasen, die es zur Entstehungszeit der Flächen gab, zum Ziel haben und keine Grasmonokultur. Um den Blütenreichtum artenarmer Flächen zu erhöhen, sollten keine Blühmischungen mit einjährigen exotischen Sommerblumen, sondern Saatgut für Blumenkräuterrasen, Blumenwiesen und Saumeinsaaten möglichst standortheimischer Herkunft verwendet werden.

Hornklee gehört in jeden Blumenkräuterrasen (wie hier am Schloss Fasanerie bei Fulda)

Die Evolution unserer Menschenart begann in den Savannen Afrikas. An diese Strukturen sind wir angepasst, deshalb gefallen uns halboffene Landschaften so sehr.

Warum fällt alles so wunderbar ineinander?

Eine Frage bleibt noch zu beantworten: Warum gefällt uns die traditionelle Kulturlandschaft mit ihren Rasen, Wiesen, Blumen, Sträuchern und Bäumen so sehr? Warum finden wir vor allem Landschaften und Gärten schön, die beides bieten: Geborgenheit und Weite? Die Antwort liegt wohl in der Evolution des Menschen: Die Menschheit entstand in den afrikanischen Savannen, also in einer halboffenen beweideten Landschaft. An diesen Landschaftstyp sind wir angepasst. Im dichten, dunklen Wald fehlt uns der weite Blick, hier fühlen wir uns bedroht. In der weiten, baumlosen Steppe fühlen wir uns ausgesetzt und einsam. Und die besondere Beziehung, die wir zu einzeln stehenden individuellen Baumgestalten aufbauen können, liegt vielleicht auch daran, dass es am Anfang der Evolution des Menschen ein Vorteil war, sich an den Baumpersönlichkeiten der Savanne bei seinen Wanderungen orientieren zu können.

Auch die so naturferne Gartengestaltung mit Rasen, Rosen und Kirschlorbeer hat also erstaunlicherweise ihren Ursprung in der Evolution des Menschen. Denn auch hier bietet die Kirschlorbeerhecke Geborgenheit und der Rasen Weite. Das artenreiche Vor-Bild ist gewissermaßen seiner Naturausstattung entkleidet und nur noch als Rudiment vorhanden. Wenn wir uns einen artenreichen naturnahen Garten mit einer Grünfläche, die das Auge schweifen lässt, wünschen, dann ist es am besten, in der freien Landschaft nach Vorbildern für Rasen und Blumenwiesen zu suchen und von ihnen zu lernen.

Rasen sind unentbehrlich in der Klimakrise

Weiderasen und sein Verwandter im Garten, der Blumenkräuterrasen, sind unentbehrlich, wenn wir die biologische Vielfalt fördern wollen. Sie sind aber auch unentbehrlich, wenn wir die zweite große Krise unserer Tage, die Klimakrise betrachten. Landauf, landab werden Bäume gepflanzt, um Kohlendioxid zu binden. Leider wird das unser Problem nicht lösen, denn der Kohlenstoff im Holz des Baumes ist ja nur vorübergehend gebunden. Wenn der Baum, und sei es in ein paar Hundert Jahren, abstirbt oder das mit Holz gebaute Haus abgerissen wird, dann wird der gebundene Kohlenstoff von den verschiedenen Organismen, die von totem Holz leben, abgebaut und wieder freigesetzt. Der wichtigste Kohlenstoffspeicher, den wir auf den Landlebensräumen haben, ist der Boden, dort ist viel mehr Kohlenstoff gespeichert wie oberirdisch, ungefähr viermal so viel. Dies gilt vor allem für Moorböden, wo der von den Moorpflanzen gebundene Kohlenstoff ja tatsächlich unter Wasser, also unter Luftabschluss, dem biologischen Abbau entzogen und quasi fossilisiert wird. Aber auch Grünland außerhalb der Moore ist in Bezug auf die Speicherung von Kohlenstoff den Böden im Wald weit überlegen. Das Thünen-Institut hat die Böden in Deutschland untersucht und herausgefunden, dass der Gehalt an Bodenkohlenstoff bei Grünlandböden im Schnitt doppelt so hoch ist wie bei Waldböden. Sobald beweidetes Grünland nicht mehr beweidet wird, gehen das Bodenleben und die Anzahl der Bodenorganismen zurück, und damit sinkt die Fähigkeit des Bodens, Kohlenstoff zu binden. Und noch einen Unterschied gibt es zwischen Waldböden und Grünlandböden: Während im Waldboden der Kohlenstoff besonders in der Streu oben auf dem Boden zu finden ist, wo er leicht durch Mikroorganismen abgebaut werden kann und dadurch wieder zu Kohlendioxid veratmet wird, wird er im Grünlandboden in tieferen Bodenschichten und in relativ stabiler Form gebunden.

Auch in Dürrezeiten bleibt der Wiesen-Salbei grün

Nun sehen wir ja immer nur das, was auf dem Boden wächst. Wenn wir einen Wald sehen, sehen wir eine Menge oberirdisch gebundenen Kohlenstoff. Aber ein reifer Wald wie der Amazonas-Regenwald gibt genauso viel Kohlendioxid und Sauerstoff ab, wie er aufnimmt. Er befindet sich im »Fließgleichgewicht«, wie ein voller Wassereimer, in den genauso viel hinein- wie herausläuft. Reifer Wald speichert keinen Kohlenstoff mehr, aber er stellt einen oberirdischen Kohlenstoffspeicher dar.

Ist es vielleicht also doch sinnvoll, den Luftraum über einer Grünlandfläche mit gebundenem Kohlenstoff in Form von Baum-Biomasse zu füllen? Nun, auch auf Weiden entsteht kontinuierlich Biomasse und Kohlenstoff wird gebunden, er verschwindet nur relativ schnell aus unserem Blick und in den Boden. Beweidetes Grünland ist ein hochproduktiver Lebensraum, das Gras wächst einfach weiter, nachdem es abgefressen wurde, so gelangt ein Großteil des von den Pflanzen gebundenen Kohlenstoffs nach einem kurzen Umweg durch Magen und Darm eines Pflanzenfressers und über den biodiversitätsfördernden Abbau der Pferdeäpfel oder Kuhfladen relativ schnell in den Boden. Ein Teil dieses Kohlenstoffs gelangt in tiefere Schichten und wird nach etlichen Umbauprozessen ziemlich stabil an Mineralien gebunden.

Dohlen brauchen kurzrasige, besonnte Flächen

Und es gibt einen engen Zusammenhang zwischen Artenreichtum und Kohlenstoffspeicherung. In Jena haben Forschende künstliche Wiesen angelegt, die aus einer unterschiedlichen Anzahl an Pflanzenarten bestehen. Sie haben festgestellt: Je mehr Pflanzenarten auf einer Versuchsfläche wachsen, desto mehr pflanzenfressende Insekten und Insektenarten gibt es dort, desto widerstandsfähiger sind die Pflanzen gegenüber Pilzbefall und desto weniger Pflanzenschäden gibt es durch die zahlreicheren Pflanzenfresser. Wie kann das sein? Mit der Vielfalt der Pflanzenfresser steigt natürlich auch die Vielfalt der Arten, die sich von eben diesen Pflanzenfressern ernähren, sodass diese nicht überhandnehmen können. Aber auch das Bodenleben ist vielfältiger und die Werte des im Boden gespeicherten Kohlenstoffs liegen bei Flächen mit mehr Pflanzenarten höher als bei den artenärmeren Flächen.

Artenreiches Grünland, insbesondere artenreiches, extensiv beweidetes Grünland ist der Joker in der Klimakrise, den wir noch nicht gezogen haben.

Denn es gibt noch einen weiteren Aspekt der Aufforstung, der leider oft übersehen wird: Wälder erwärmen das Klima mehr als Grünlandflächen, weil sie die eingestrahlte Energie in größerem Maße als diese aufnehmen, statt sie abzustrahlen, sie haben eine geringere »Albedo«. Dieser physikalische Effekt auf das globale Klima ist vor allem bei den Wäldern in nördlichen Breiten größer als der indirekte biologische Effekt über Kohlenstoffbindung. Auf Grünland haben wir eine höhere Albedo, die einfallende Strahlung wird stärker zurückgestrahlt, und gleichzeitig wird mehr Bodenkohlenstoff gebildet. Es ist deshalb nicht sinnvoll, Grünland aus Gründen des Klimaschutzes aufzuforsten oder der Sukzession zu überlassen. Der Klimaforscher

Wälder sind dunkel, weil sie Sonnenlicht absorbieren, statt zu reflektieren.
Sie erwärmen deshalb das Klima global, auch wenn es lokal in Wäldern kühler ist.

Martin Claußen drückt das so aus: »Aufforsten, nur um Kohlenstoff zu binden, ist zu kurz gedacht.«

Was nicht bedeutet, dass wir jetzt anfangen sollten, Bäume zu fällen. Jeder gefällte Baum trägt zur Kohlendioxidfreisetzung bei und mit jeder Baumfällung nehmen wir uns in den Städten ja auch eine wichtige Möglichkeit, das Klima lokal abzukühlen.

Wundern wir uns noch, dass die hoch biodiversen halboffenen Flächen nicht nur besonders gut Kohlenstoff speichern, sondern auch besonders gut die Umgebung kühlen? In Dresden wurden verschiedene Freiflächen untersucht. In urbanen Wäldern mit geschlossenem Kronendach kann die Wärme des Tages in der Nacht nicht nach oben entweichen. Sie bleibt wie unter einer Markise gefangen. Dort, wo wir unter den Bäumen noch den Himmel sehen können, gibt es nicht nur eine höhere biologische Vielfalt, solche Flächen kühlen sich in der Nacht auch besser ab.

Wer einen Blumenkräuterrasen in seinem Garten hat, kann Hitzeperioden gelassener entgegensehen als diejenigen, die noch einen Intensivrasen haben, wo nur Gräser wachsen dürfen. Denn bald wird es in Hitzeperioden nicht mehr erlaubt sein, Grund- oder Trinkwasser für die Bewässerung des Gartens zu verschwenden. Die Erfahrungen der letzten Jahre haben gezeigt, dass auch im Blumenkräuterrasen, genauso wie in der Grasmonokultur, die Gräser verdorren, wenn es lange nicht

Echtes Labkraut und Wilder Oregano blühen auch bei Trockenheit unbeirrt weiter

geregnet hat. Aber die meisten Kräuter bleiben grün und manche blühen sogar unbeirrt weiter. Wenn es dann wieder regnet, begrünt sich ein Blumenkräuterrasen schnell, allerdings haben jetzt die blühenden Kräuter einen Vorteil, und so wird der Rasen dann in den nächsten Jahren noch blütenreicher werden. Und da wir im biodiversitätsfördernden Garten ja die Selbstaussaat der Pflanzen fördern, indem wir zum Beispiel das Mahdgut auf der Fläche trocknen lassen, bevor wir es abräumen, bauen wir über die Jahre im Boden einen Vorrat an Samen auf. Aus dieser Samenbank können sich unsere Rasen- oder Wiesenflächen bei extremer Dürre selbst dann wieder aus eigener Kraft regenerieren, wenn die Dürre tatsächlich den Bestand vernichtet haben sollte. Es keimen einfach die Samen der Samenbank.

Danach wird die Fläche übrigens noch widerstandsfähiger sein. Bei dem auf Seite 84 erwähnten Grünlandexperiment in Jena haben die Forschenden einen interessanten Versuch durchgeführt: Sie haben über acht Jahre einige Flächen durchsichtig überdacht und so künstliche Dürren simuliert. Dann wurden aus den Dürreflächen und von Flächen ohne Dächer Samen geerntet, daraus Pflanzen aufgezogen und in einem kontrollierten Laborexperiment einer erneuten Dürre ausgesetzt. Die Pflanzen, deren Mutterpflanzen Dürren erlebt hatten, stellten sich als unempfindlicher heraus, und zwar waren sie besonders unempfindlich, wenn sie nicht allein in einem Topf gehalten wurden, sondern zusammen mit einer weiteren Art. Damit haben die Forschenden nachgewiesen, dass sich die Pflanzen der Grünländer genetisch an Dürren anpassen können und dass die so erworbene Widerstandskraft bei artenreicheren Flächen besser funktioniert als bei Monokulturen. Die unterschiedlichen Pflanzenarten fördern sich gegenseitig, statt in Konkurrenz zu treten.

Pflanzen und ihre Tiere

Symphonie in Gelb: Echtes Johanniskraut & Schwebfliegen

Johanniskraut

An Wegrändern und Heckensäumen leuchten im Sommer die Blütenbüschel des Johanniskrauts *(Hypericum perforatum)* in kräftigem, leicht orange überhauchtem Sonnengelb. Der wissenschaftliche Name »*perforatum*« bedeutet »durchlöchert« und so sehen die Blätter tatsächlich aus, wenn wir sie gegen das Licht halten. Die »Löcher« erscheinen nur durchsichtig, weil das Gewebe dort mit ätherischem Öl gefüllt ist. Auf den Blütenblättern finden sich dunkle Punkte, die das rote Hypericin enthalten. Die verschiedenen Inhaltsstoffe des Johanniskrauts schützen die Pflanzen davor, abgeweidet zu werden, denn sie machen Kühe, Schafe oder Pferde empfindlich gegenüber Sonnenlicht, die Pflanze wirkt »phytotoxisch«. Aber wie immer macht die Dosis das Gift: Der Chemiecocktail des Johanniskrauts wird seit Langem in der Pflanzenmedizin genutzt.

Die für Tiere unbekömmlichen Inhaltsstoffe des Johanniskrauts führen dazu, dass Johanniskraut in anderen Kontinenten ein gefürchteter invasiver Neophyt ist. Bei uns nimmt es dagegen nie überhand, denn es gibt zahlreiche Insektenlarven und Milben, die Entgiftungssysteme entwickelt haben und an oder in den Pflanzen fressen. Forschende haben in Europa 65 verschiedene Arten gefunden.

Große Schwebfliege

Johanniskraut sät sich gerne aus, wird aber selten lästig. Am besten kombinieren wir Johanniskraut mit Pflanzen, die sich nicht so leicht verdrängen lassen, wie zum Beispiel mit Wiesen-Flockenblumen.

Der Pollen des Johanniskrauts ist für Insekten gut erreichbar, der Wildbienenforscher Paul Westrich beobachtete auf den Blüten 16 verschiedene Wildbienenarten, die hier Pollen sammeln. Falter werden wir hier kaum finden, denn die Blüten bieten keinen Nektar. An dem goldenen Blütenstaub laben sich zahlreiche Käfer und Fliegen, vor allem Schwebfliegen schwirren über den Blüten. Sie können wie Hubschrauber in der Luft stehen und sind dann gut zu beobachten. Eine unserer häufigsten Schwebfliegen ist die Große Schwebfliege *(Syrphus ribesii)*. Die Männchen der Großen Schwebfliege bilden Schwärme, die im Frühjahr die Landschaft mit ihrem deutlich hörbaren Summen füllen. Die Larven sind kleine Fressmaschinen, die sich von Unmengen an Blattläusen ernähren, ältere Larven brauchen nur ein oder zwei Minuten, um eine Blattlaus zu verspeisen.

Gärten mit Rasen und Wiesen gestalten

Der Rasen als Funktionsfläche

Bei jeder Gartenplanung steht am Anfang die Frage, was wir in unserem Garten erleben wollen, welche Funktionen die Gartenfläche erfüllen soll.

Auch wenn es rein dekorative Gartengestaltungen gibt, die eher einem begehbaren Bild gleichen, so wird von den meisten Gärten doch mehr erwartet als zwecklose Schönheit. »Form follows function«, aus der Funktion ergibt sich die Form, diese Maxime des Bauhauses bleibt auch in der Gartengestaltung die Richtschnur guten Gestaltens. Meistens bedeutet das dann, dass eine oder wenige Funktionen einer Teilfläche, einem »Gartenraum«, zugewiesen werden und dass die einzelnen Teilbereiche, durch Wege verbunden, eine schöne Raumfolge ergeben.

Der »Bodenbelag« eines Gartenraumes kann mit einem Wegebelag befestigt werden oder auch als Rasen oder Wiese angelegt sein. Der Wechsel zwischen zwei Oberflächeneigenschaften bildet schon eine Raumgrenze, die durch vertikale Elemente noch verdeutlicht werden kann.

Blumenwiesen können, wie wir bereits gesehen haben, nicht für Flächen vorgesehen werden, die begangen werden sollen. Sie sollten im Garten eher wie große Blumenbeete betrachtet werden.

Regelmäßig begangene oder befahrene Flächen sollten befestigt werden, damit sie immer gleichmäßig eben und trocken sind. Dazu eignen sich neben Platten- oder Pflasterbelägen und wassergebundenen Wegedecken in besonderer Weise auch die Schotterrasen.

Rasen eignet sich für weniger stark belastete Flächen als »Bodenbelag«, um dort Ball zu spielen, fürs Sonnenbad oder um den Garten zu genießen oder um Beete für Pflegearbeiten zu erreichen.

← Gärten brauchen auch kurzrasige Flächen, damit wir darauf gehen, liegen und spielen können, oder als Bühne für die höher wachsenden Beete

Rasenwege und Wege durch den Rasen

»Der Weg ist das Ziel« gilt in besonderem Maße auch für die Gartengestaltung. Wege sind nicht nur eine Möglichkeit, im Garten sauberen und trockenen Fußes von A nach B zu kommen, viel wichtiger ist, dass sie das Bild des Gartens das ganze Jahr über prägen. Dem Weg folgt das Auge, wenn wir den Garten betrachten, selbst wenn das im Winter mit einer warmen Tasse Tee in der Hand vom Wohnzimmerfenster aus geschieht. Die Führung der Wege, geradlinig und streng, organisch und klar oder ganz undeutlich und unregelmäßig, prägt den Stil des Gartens. Ein gut gestalteter Weg sagt: »Ja, dieser Garten ist so gemeint, entdecke seine Schönheit!« Eine Möglichkeit, den Weg durch den Garten zu gestalten, ist, den Rasen zum Weg zu machen. So kann eine Rasenfläche, mal schmaler, mal weiter, durch die unterschiedlichen Räume des Gartens hindurchführen.

Rasenwege können auch in Wiesen hineingemäht werden. Das ist eine besonders schöne und flexible Möglichkeit, die Blumenwiese erlebbar zu machen.

Für Plätze und Wege, die befestigt werden sollen, eignet sich besonders der Schotterrasen. So werden die Flächen fest und belastbar und bleiben vor allem bei feuchtem Wetter trocken. Normaler Rasen auf Oberboden verwandelt sich ja leicht in eine Schlammwüste, wenn er bei feuchtem Wetter öfters begangen wird. Schotterrasenwege ähneln aber nach einer Weile Rasenflächen und ein Schotterrasenweg durch einen Rasen hilft uns, trockenen Fußes durch den Garten zu gehen, er ist aber kein deutlich sichtbares Gestaltungselement. Das gilt für wassergebundene Wegedecken oder gepflasterte Wege schon eher.

Wege im Rasen sind aber auch nicht unproblematisch. Sie vermehren die Kanten, wo gegebenenfalls verhindert werden muss, dass Rasengräser in den Weg hineinwachsen. Vor allem bei wassergebundenen Wegen kann das Probleme geben. Wassergebundene Wege sollten, wenn sie an Rasenflächen angrenzen, mit Einfassungen versehen werden, bei denen die Fugen mit Mörtel geschlossen sind.

Für Wege durch eine Rasenfläche bieten sich besonders Trittplattenwege an. Hier ergeben sich keine problematischen Rasenkanten, sie sind sehr preisgünstig zu erstellen und ziehen dennoch deutliche Linien durch den Garten.

Übergänge gestalten und Grenzen setzen – Alternativen zur Rasenkante

Wir haben die Gartenräume mit ihren Funktionen festgelegt und verbindende Wege geplant. Jetzt kennen wir die Teilflächen unseres Gartens und wissen, wo Rasen- und Wiesenflächen angelegt werden sollen und wo sie an andere Flächen angrenzen. Nun stellt sich die Frage, wie genau diese Grenzen der Rasenflächen gestaltet werden sollen. Sind das fließende Übergänge oder gestalten wir die Grenzen fest und unverrückbar?

Wo Tiere nicht weiden, entstehen Säume, zum Beispiel am Rand von Steinen oder Dornsträuchern

In der Natur gibt es kaum scharfe, unverrückbare Grenzen, Natur tritt uns eher als ein Kontinuum gegenüber. Allein der menschliche Verstand versucht, Grenzen zu finden oder festzulegen, um einzuordnen und um zu verstehen, sich zurechtfinden zu können und – letztendlich – zu beherrschen. In den ursprünglichen halboffenen Weidelandschaften gibt es keine scharfen Grenzen zwischen Wald und Weide, zwischen Weiderasen und Saum. Vor allem sind die Übergänge in der Zeit und im Raum dynamisch und gerade diese Dynamik begründet den großen Artenreichtum dieser Landschaften.

Inwieweit wir eine solche Dynamik mit ihren fließenden Übergängen in unserem Garten zulassen, ist eine gestalterische Entscheidung oder, etwas einfacher ausgedrückt, eine Geschmacksfrage: Wie geordnet soll mein Garten sein und wie unverrückbar und fest soll diese Ordnung bleiben? Lasse ich dynamische Prozesse auf der ganzen Fläche zu oder erlaube ich natürliche Entwicklungen und Veränderungen nur auf eingegrenzten Teilflächen?

Die Dynamik der Natur kann ich als Lebendigkeit empfinden, die ich in meinem Reich willkommen heiße, interessiert wahrnehme und genieße. Ich kann sie aber auch als Bedrohung meiner Souveränität erfahren. Grenzen setzen und verteidigen ist dann eine Bestätigung des Selbstwertes. Dies ist wohl der Grund, warum nicht nur in den amerikanischen Vorstädten, sondern auch hierzulande in den regelmäßig gemähten und mit einer Rasenkante scharf abgegrenzten Rasen oft so viel Arbeit investiert wird. Im Folgenden werden fließende und abgrenzende Übergänge von Rasen und Wiesen zu anders beschaffenen Gartenflächen vorgestellt, die zur Dynamik eines Naturgartens besser passen.

Das Oberflächenwasser der angrenzenden Rasenflächen darf nicht in den Teich gelangen

Rasen und angrenzender Teich

Wasserflächen ziehen uns magisch an. Es ist wunderschön, am Teich zu sitzen und das vielfältige Leben am und im Wasser zu betrachten. Deshalb ist es sinnvoll, wenn das Ufer des Teichs durch einen Weg, und seien es nur Trittsteine, erschlossen wird. Ein Weg am Teich eröffnet auch eine gestalterisch geschickte Möglichkeit, hier eine Kapillarsperre einzubauen, die verhindert, dass Pflanzen und Erdreich Wasser aus dem Teich ziehen.

Rasenflächen, die direkt an Teiche grenzen, sind eher problematisch. Es ist ja gestalterisch sinnvoll, den Teich an der tiefsten Stelle des Gartens anzulegen. Wenn dann aber das Oberflächenwasser über Rasenflächen in den Teich läuft, geraten

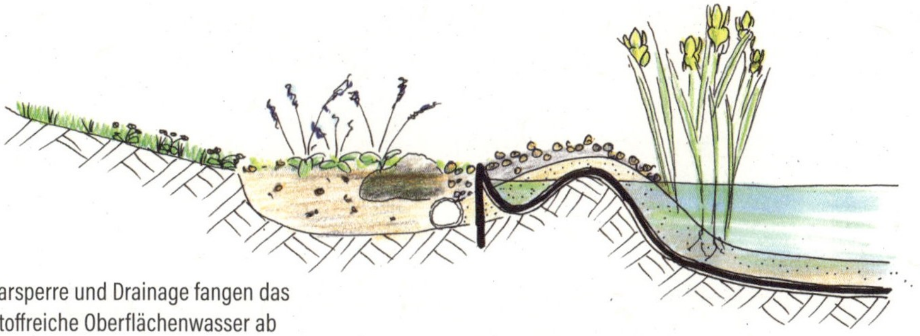

Kapillarsperre und Drainage fangen das nährstoffreiche Oberflächenwasser ab

ständig Nährstoffe hinein. Dies kann zu Algenblüten führen. Wenn nährstoffreiches Oberflächenwasser in den Teich gelangen kann, sollte daher am Außenrand des Teiches eine Drainage angelegt werden, die das Oberflächenwasser abführt. Die Drainage kann unter einer Schotter- oder Kiesfläche verlegt werden, womit ein gleitender Übergang zu dem Bereich der Kapillarsperre geschaffen wird.

Ob Weg oder Schotterband: Zwischen Rasen und Teich sollte ein Pufferbereich liegen.

Angrenzende Blumenbeete

Ähnlich problematisch wie die nicht abgegrenzte Nähe von Rasen- und Wasserfläche ist es, wenn eine Rasenfläche ohne Abgrenzung in ein Blumenbeet übergeht. Rasengräser haben ja die Eigenschaft, sich auszubreiten, sei es mit Samen oder mit Ausläufern. Besonders erfolgreich in dieser Hinsicht sind die Rasengräser konventioneller Rasenmischungen. Sie sind speziell auf Ausbreitungsfreudigkeit hin gezüchtet, um andere krautige Pflanzen, die »Rasenunkräuter«, zu unterdrücken. Das tun sie dann aber auch mit den Stauden im Blumenbeet, wenn sie erst einmal dort angekommen sind. Die schwach wachsenden Wildgrasarten der Blumenkräuterrasenmischungen sind da weniger problematisch. Aber auch hier ist eine deutliche Trennung hilfreich, um nicht so viel Arbeit zu haben. Am sinnvollsten ist es, Blumenbeet und Rasen durch einen Weg zu trennen. Vom Weg aus können dann die Pflegearbeiten im Blumenbeet leicht durchgeführt werden und der Weg dient als Puffer zwischen Beet und Rasen.

Es gibt aber noch andere Möglichkeiten, die Menge der Pflegearbeiten in einem an den Rasen angrenzenden Blumenbeet zu begrenzen: Eine Einfassung, zum Beispiel aus Natursteinen, kann den Rasen eingrenzen. Je mehr Fugen eine solche

Wenn zwischen Beeten und Rasen ein Weg verläuft, gibt es im Beet weniger Gras zu jäten

Die Einfassung aus Baumstämmen hilft, das Einwandern von Gräsern ins Beet zu verhindern. Und beim Pflegen ist klar, wo der Rasen endet und das Beet beginnt.

Einfassung hat und je schmaler sie ist, desto wichtiger ist es, die Fugen mit Mörtel zu schließen, vor allem wenn konventionelles Rasensaatgut verwendet wurde. Denn die Ausläufer der Gräser werden in den Fugen Fuß fassen und sind dann kaum mehr zu entfernen.

Eine besonders schöne und naturnahe Möglichkeit, Blumenbeete von Rasenflächen abzugrenzen, ist die Verwendung liegender Baumstämme. Wenn die Stämme mehr als 20 Zentimeter Durchmesser haben, werden die Rasenpflanzen nicht mehr darüber hinweg wachsen, die Ausläufer rutschen einfach immer wieder herunter, wenn sie sich in Richtung Blumenbeet ausbreiten. Außerdem wird der Garten mit dieser Abgrenzung mit einem der wichtigsten Biotoptypen, dem Lebensraumholz, angereichert.

Trockenmauern frei halten

Trockenmauern sind – richtig gebaut – wunderschön und ökologisch wertvoll. An diesen hohlraumreichen Magerstandorten finden zahlreiche Tiere nicht nur Unterschlupf und Brutstätten, sondern auch reichlich Nahrung an den blütenreichen begleitenden Stauden. Wildbienen und andere Insekten gelangen an Nektar und Pollen, Spinnen und Reptilien finden durch das reiche Insektenleben der Trockenmauern ihre Beutetiere.

Das ökologische Potential der Trockenmauern geht verloren, wenn sie an nährstoffreiche Rasen- oder Wiesenstandorte angrenzen. Im Schutz des Mauerfußes, wobei hier auch der Schutz vor dem Mäher gemeint ist, wuchert das Gras besonders hoch und verschattet die Mauer. Um den ökologischen Wert einer Trockenmauer voll zum Tragen kommen zu lassen, sollten sowohl Mauerfuß als auch Mauerkrone als magerer Trockenstandort gestaltet werden, zum Beispiel mit trockenheitsliebenden Duftstauden. Am Mauerfuß bietet sich statt Rasen ein Schotterrasen oder eine andere versickerungsoffene Flächenbefestigung wie ein weitfugiges Natursteinpflaster an, auf dem die eher schüttere und niedrigere Vegetation der Trockenrasen gedeiht.

Trockenmauern sollten von mageren Flächen umgeben sein, damit sie nicht hinter hohen Gräsern verschwinden

Bäume brauchen Säume

Eine markante Baumgestalt spricht uns unmittelbar an. Wir nehmen einen knorrigen, frei stehenden Baum, dem man das Überdauern von vielen Jahren in Wind und Wetter ansieht, geradezu als Persönlichkeit wahr. Die Maler der Romantik haben oft solche Bäume in ihren Landschaftsbildern dargestellt.

Aber Vorsicht: Baumpfleger sprechen vom Rasen als dem »Leichentuch« der Bäume. In Experimenten hat sich gezeigt, dass Bäume, unter denen zuvor kein Rasen wuchs, sterben können, wenn dort Rasen neu angelegt wird. Die Baumwurzeln brauchen oft einen lockeren, gut durchlüfteten und eher humusreichen Boden. Empfindlich sind vor allem unsere Waldarten, insbesondere die Rotbuche *(Fagus sylvatica)*. Schon ein nur fünf Zentimeter dicker Humusauftrag kann eine Rotbuche zum Absterben bringen. Wenn unter älteren Bäumen Rasen neu angelegt wird, der dann auch noch regelmäßig genutzt wird, dann führt das zu Verdichtungen, und der Sauerstoffgehalt im Boden sinkt. Allein dieser Effekt kann zum Absterben von Wurzeln führen. Außerdem saugt die dichte Lage von Graswurzeln unter einem regelmäßig gemähten Rasen Wasser und Nährstoffe auf wie ein Schwamm. Die Baumwurzeln können mit dieser Konkurrenz nicht mithalten.

Aber auch gestalterisch ist es keine gute Idee, unter der ausladenden Krone eines Baumes Rasen anzulegen, denn im Vollschatten unter der Krone wird der Rasen kaum gedeihen. Hier wird bald der nackte Boden hervorschauen, der noch verdichtungsempfindlicher ist als die Grasnarbe. Unglücklicherweise haben Bäume dort die meisten Feinwurzeln, wo der Rasen noch gedeiht, nämlich direkt außerhalb der Kronentraufe. Wem die Erhaltung eines Baumes am Herzen liegt, sollte dort keinen neuen Rasen anlegen. Für den Baum sind Beetflächen mit Bodendeckern oder niedrige Gehölzpflanzungen günstiger. Ein paar Trittplatten in dieser Fläche, die zu einer Sitzbank führen, schaden dem Baum nicht.

Aber liegt hier nicht ein Widerspruch vor? Markante Einzelbäume und Baumgruppen charakterisieren doch geradezu die halboffenen, beweideten Landschaften und dennoch ist es den Bäumen nicht zuträglich, wenn wir unter ihnen Rasen

Bäume brauchen Säume

anlegen? Der scheinbare Widerspruch löst sich auf, wenn wir die Entstehung von Baumgruppen und waldartigen Bereichen in halboffenen Weidelandschaften betrachten. Baumsämlinge werden auf Weideflächen nämlich verbissen. Dort, wo Tiere grasen – auf rasenartigen Flächen –, haben Bäume keine Chance. Baumjungwuchs finden wir innerhalb von Strauchgruppen, deren Pflanzen so dornig sind (z. B. Wildrosen, Wacholder, Weißdorn, Schlehen, Berberitzen und Brombeeren) oder so unbekömmlich (wie Stinkwacholder oder Pfaffenhütchen), dass die Tiere dort nicht fressen. Werden die Bäume groß, sterben die Sträucher unter ihnen aus Lichtmangel ab. Am Rand der Gehölzgruppen finden wir aber oft noch einen Strauchmantel, der die empfindlichen Baumwurzeln direkt außerhalb der Traufe schützt.

Waldboden ist lange Zeit im Jahr mit einer dicken Schicht Streu aus Falllaub und abgestorbenen Ästchen bedeckt und in den oberen Schichten humusreich. Aber auch unter frei stehenden Bäumen auf beweideten Flächen ist der Bereich direkt unter und neben den Bäumen humusreicher als die umgebenden Flächen – und das liegt nicht nur an den Blättern, die vom Baum fallen. Auch Tiere ziehen sich in der Mittagssonne gerne in den Baumschatten zurück, dort ruhen sie, käuen wieder und hinterlassen Kuhfladen und Pferdeäpfel. Beweidung führt nicht zu einer Nährstoffanreicherung auf den Flächen, wenn die Tiere nicht zugefüttert werden. Trotzdem kommt es zu einer Aushagerung der offenen Flächen, wenn Bäume auf den Weiden stehen, denn die Tiere konzentrieren die auf der gesamten Fläche eingesammelten Nährstoffe an ihren schattigen Ruheplätzen unter den Bäumen.

Wenn wir Gehölze, zum Beispiel für eine frei wachsende Naturhecke oder einen Jungbaum, in eine Rasenfläche pflanzen, ohne einen rasenfreien Bereich um die Jungpflanzen herum zu schaffen, dann werden sie nur sehr langsam wachsen. Die Wurzeln der Gehölze müssen mit dem vorliebnehmen, was die Rasengräser übrig lassen. Der Wurzelbereich frisch gepflanzter Gehölze sollte deshalb immer frei von

Auf der Weide suchen die Tiere den Schatten der Bäume, um zu ruhen.
Sie düngen dabei ihre Schattenspender und magern die Grasflächen aus.

Rasen gehalten werden. Dabei sollten wir unbedingt daran denken, dass die Feinwurzeln, die Wasser und Nährstoffe aufnehmen, sich immer außerhalb der Kronentraufe befinden.

Auch frei wachsende Hecken brauchen einen mindestens zwei Meter breiten Streifen, der rasenfrei ist und in dessen Mitte dann die Gehölze gepflanzt werden. Diese Bereiche können mit einer grasfreien Wildstaudenmischung eingesät werden. Besonders bewährt haben sich Mischungen, die viele ein- und zweijährige Wildstauden enthalten. Dieser bunte Saum übernimmt die gestalterische Funktion der Hecke in den ersten Jahren und wird langsam von den größer werdenden Gehölzen verdrängt.

Auf öffentlichen Grünflächen und in großen Gärten können wir eine weitere Ursache beobachten, warum Bäume auf Rasenflächen leiden: Durch die Mäharbeiten, insbesondere durch das Ausmähen der Gräser und Kräuter direkt am Stamm, wird oft die Rinde im Stammfußbereich verletzt. Dies führt dort zu Einfaulungen. Verletzungen und faule Stellen in diesem Bereich sind besonders kritisch für die Standfestigkeit der Bäume. Fortschrittliche Grünflächenämter verzichten deshalb auf das Rasenmähen unter Bäumen und lassen dort höhere, wiesen- oder saumartige Bereiche entstehen.

Ausmähen direkt am
Stamm schadet dem Baum

Rasen und Wiesen anlegen

Umwandlung oder Neuanlage?

Nur selten haben Gartenbesitzer das Glück, ihr grünes Paradies von Grund auf neu gestalten zu dürfen. Zumeist gibt es schon einen Garten und jetzt soll mehr Natur in diesen Garten einziehen, aus dem Rasen soll ein Blumenkräuterrasen oder eine Blumenwiese werden. Kann man da nicht das geeignete Saatgut einfach auf den Rasen streuen, damit bald schon Blumen blühen?

Die eindeutige Antwort auf diese Frage lautet: Nein, man kann nicht. Viele Versuche in der Vergangenheit, unter anderem auf dem ehemaligen Bundesgartenschaugelände in Bonn, haben gezeigt: Haben sich erst einmal die konkurrenzstarken Kulturgrassorten der Regelsaatgutmischungen etabliert, dann ist eine Nach- oder Zwischensaat von konkurrenzschwachen Wildgrasarten und Wildkräutern in diesen Bestand hinein schlichtweg herausgeworfenes Geld. Sollte irgendwo ein Keimling auf dem verdichteten, verhärteten Boden aufkommen, wird er sofort von den Rasengräsern überwachsen. Es gibt nur wenige positive Erfahrungen mit Einsaaten in vorhandene Bestände. Am besten wird dann vor der Einsaat die Narbe sehr scharf mechanisch aufgerissen, zum Beispiel mit einer Fräse.

Die andere in der Vergangenheit oft versuchte Vorgehensweise sah so aus: Man pflegte eine ehemalige Rasenfläche wie eine Wiesenfläche und hoffte, dass sich dort eine Blumenwiese entwickelt. Tatsächlich wird sich die dichte Narbe auflockern, auch Bodenverdichtungen können durch weniger Belastung und die Belebung des Bodens gemindert werden. Meist finden sich auch einige Kräuterarten ein, aber in der Regel bleibt es bei Löwenzahn, Gundelrebe, Gamander-Ehrenpreis und Kleinköpfigem Pippau.

Ein Grund sind auch hier die konkurrenzstarken Kulturgrassorten. Wer zuerst kommt, mahlt zuerst, oder: Ein einmal besetzter Platz wird nur sehr langsam von einer Pflanze wieder freigegeben. Die Etablierung an einem Standort ist der kritische Zeitraum für die Pflanze, danach kann er auch unter eher widrigen Umständen

← Die Pracht der artenreichen Weiden und Wiesen können wir auch in den Garten bringen

Abgeschälte Grasnarbe

verteidigt werden. Zumal Rasengräser eben von den Gräsern der Wiesen und Weiden abstammen und in der Regel auch in höherwüchsigen Beständen gut zurechtkommen.

Der zweite Grund für das Versagen des Versuches, Blumenwiesen aus Rasen allein durch eine Umstellung der Pflege zu entwickeln, liegt in den geringen Distanzen, über die sich Pflanzen ausbreiten können. Diese liegen bei wenigen Hundert Metern. Selbst wenn gute Startbedingungen für einen Zuwanderer herrschen, dann kann eine Art aus eigener Kraft auf der Fläche nur auftauchen, wenn sie in unmittelbarer Nähe vorkommt. (In Weidelandschaften kann der Transport von Samen allerdings auch schon mal über längere Strecken im Fell oder Darm eines Tieres stattfinden.)

Manchmal kann die Umwandlung von Rasen in Wiesen durch Pflegeumstellung allerdings auch gelingen, und zwar dann, wenn der Rasen an sich schon sehr artenreich ist und eher einem Blumenkräuterrasen gleicht. In manchen alten Gärten sind nie Hochleistungsrasengräser eingesät worden, hier überdauern Schafgarbe, Braunelle, Ehrenpreis, Oregano und manchmal sogar Margeriten in der Grasnarbe. Dann kann aus solchen alten Blumenkräuterrasen durch Umstellung der Pflege tatsächlich eine bunte Blumenwiese entstehen.

In den meisten Gärten ist aber die beste Möglichkeit zur Etablierung eines artenreichen Blumenkräuterrasens oder einer Blumenwiese die Neuanlage. Nur so sind die schwach wachsenden Wildarten vor der Konkurrenz durch die ausläufertreibenden Rasengrassorten geschützt. Das bedeutet: Der vorhandene Bewuchs muss auf der neu einzusäenden Fläche vollständig entfernt werden. Dies geschieht am besten durch mehrfaches Fräsen, wobei bei jedem Fräsgang etwas tiefer gefräst werden sollte, um verdichtete Frässohlen zu vermeiden. Für größere Flächen haben sich sogenannte »Umkehrfräsen« bewährt. In kleinen Gärten kann die Grasnarbe auch mechanisch mit dem Spaten – oder bei größeren Flächen mit einer ausgeliehenen Rasenschälmaschine – abgehoben werden. Rasensoden ergeben kompostiert eine sehr gute Nutzgartenerde. Eine andere Möglichkeit, Rasensoden zu verwerten, ist der Bau einer Rasenbank.

Auf dem von Rasen befreiten Untergrund wird dann das Saatbett für die Einsaat vorbereitet.

Manchmal wird es nicht möglich sein, die gesamte zukünftige Blumenwiesen- oder Blumenkräuterrasenfläche abzuräumen. Der Wurzelbereich von Bäumen muss sowieso ausgespart werden, da dort die Wurzeln durch Bodenarbeiten immer in Mitleidenschaft gezogen werden.

Eine gute Alternative ist dann die Umwandlung von Teilflächen, vor allem, wenn keine konkurrenzstarken Grassorten die Fläche beherrschen. Wenn wir mit Maschinen arbeiten, werden diese Teilflächen streifenförmig sein. Auf diesen wird dann eine gute Blumenkräuterrasen- oder Blumenwiesenmischung ausgesät. Je größer die Teilflächen und je länger deren Randlinien sind, von denen aus die Blumenwiesenarten in die umgebende artenarme Fläche einwandern können, umso eher wird sich auch die Zusammensetzung der unbearbeiteten Bereiche ändern.

Bei sehr kleinen Rasenflächen kann statt einer Einsaat auf den abgeräumten Teilflächen auch eine Pflanzung vorgenommen werden. Dann haben wir es noch mehr in der Hand, welche Arten sich etablieren sollen. Die Vorgehensweise ist dazu auf Seite 110 beschrieben.

Die Neuanlage durch Aussaat

Der richtige Zeitpunkt für die Aussaat

Wildpflanzensamen sind wesentlich robuster als konventionelles Saatgut, was den Zeitpunkt der Aussaat betrifft. Während konventionelles Rasensaatgut Bodentemperaturen von mindestens 8 °C braucht, schnell keimt und bald die erste Mahd erforderlich wird, reagieren Wildpflanzensamen langsamer. Auch keimen nicht alle Samen gleichzeitig. Einige keimen sofort, andere erst nach ein paar Wochen und manche auch erst nach ein paar Monaten oder Jahren. Vor allem Samen der Kaltkeimer lassen bei einer Frühjahrseinsaat auf sich warten, denn sie brauchen eine kalte Periode, um überhaupt keimen zu können. Sollten nach dem ersten Auflaufen einige Keimlinge durch Schneckenfraß oder Trockenheit zugrunde gehen, gibt es immer noch genug Samen, die keimen können und die ausgefallenen Exemplare ersetzen werden. Auch wenn Wildstaudensamen bei einem erwärmten, gut mit Feuchtigkeit versorgten Boden am besten keimen, sind Blumenwiesen- und Blumenkräuterrasenmischungen viel toleranter gegenüber Trockenperioden nach der Aussaat und sie können auch bei nicht ganz so idealen Temperaturen ausgesät werden. Eine Aussaat kann auch zu Zeiten versucht werden, in denen das sonst nicht möglich ist, wie im Winter. Der Boden sollte allerdings immer feinkrümelig und feucht sein.

In Gegenden, die im Frühsommer genügend Regen bekommen, wie das zum Beispiel an der Küste oder im Alpenvorland der Fall ist, empfiehlt sich die

Nach der Einsaat ist erst einmal nur unerwünschtes Beikraut wie Melde zu sehen (oben links). Wenn Melde & Co. mit dem Schröpfschnitt nach sechs bis acht Wochen entfernt werden, sind schon die Keimlinge der Wiesenpflanzen erkennbar (oben rechts). Nach einem Jahr blüht es dann bunt (unten).

Frühjahrsaussaat. Hier gibt es die geringsten Verluste durch Bodenverschlämmung, Schneckenfraß und Vögel, denn die Samen keimen relativ rasch.

Auch die im Boden vorhandenen Samen von einjährigen Kräutern wie Melde und Gänse-Distel laufen schnell auf. Sie bieten den langsam wachsenden Wiesenpflanzenkeimlingen einen Schutzschirm, der die rasche Austrocknung des Bodens und zu starke Sonneneinstrahlung verhindert. Dieser Beikrautbewuchs muss später durch den ersten sogenannten »Schröpfschnitt« entfernt werden – wenn von oben betrachtet kein Boden mehr erkennbar ist. Weil Melde & Co. einjährig sind, werden die meisten Exemplare durch diesen ersten Schnitt vernichtet. Danach können die unter dem Schutzschirm der Beikräuter herangewachsenen Keimlinge richtig loslegen.

In den Landschaften, die aufgrund der Klimakrise oft schon im Frühling und Frühsommer unter Bodentrockenheit leiden, wird nach einer Frühjahrseinsaat im ersten Sommer fast nichts zu sehen sein. Die Einsaat wird trotzdem aufgehen, nämlich wenn es im Herbst wieder regnet, aber wir schauen dann einen ganzen Sommer auf eine fast kahle Fläche. Da ist es dann doch besser, im Frühherbst zu säen, wenn keine Hitzeperioden mehr zu erwarten sind und es wieder öfter regnet.

Die eingesäten Flächen dürfen eine Zeit lang nicht betreten werden. Deshalb sollte die Einsaat bei Neuanlagen erst dann vorgenommen werden, wenn die Arbeiten zur Gartengestaltung, zumindest in diesem Teil des Gartens, auch wirklich abgeschlossen sind – egal, ob dadurch der ideale Saatzeitpunkt eingehalten werden kann oder nicht. Denn was nützt die zum allerbesten Zeitpunkt im April angelegte Blumenwiesenfläche, wenn hinterher der Bagger ein paar Mal darüber fährt oder wenn aus Versehen Baustoffe darauf gelagert werden?

Es ist besser, die zukünftigen Blumenwiesen- oder Blumenkräuterrasenflächen auf Baustellen zunächst vorübergehend mit einer Gründüngung (beispielsweise Saatsenf oder Ölrettich) einzusäen. Die bunt blühende Einsaat erfreut nicht nur das Auge, sondern kennzeichnet die Fläche auch für die Baufirmen. Ein Flatterband oder provisorischer Zaun kann diesen Effekt noch zusätzlich verstärken. So wird der Boden vor weiterer Verdichtung und Verunreinigung geschützt, die Gründüngerpflanzen lockern zudem mit ihren Wurzeln die Erde und verdrängen unerwünschte Beikräuter.

Wildsamenmischungen laufen langsam auf. Eine gelungene Einsaat zeichnet sich durch ein katastrophales Aussehen im ersten Jahr aus. Da heißt es, Geduld haben und so manchen Kommentar von Nachbarn und Freunden mit Fachinformationen freundlich zu erwidern.

Abmagerung mit Sand

Eine Blumenwiese oder ein Blumenkräuterrasen kann auf jedem Boden angelegt werden. Wenn der Boden aber verdichtungsempfindlich ist, sollte für einen Blumenkräuterrasen, der regelmäßig betreten werden soll, die Tragfähigkeit des Bodens verbessert werden. Hierzu werden mindestens 100 Liter Sand pro Quadratmeter, das entspricht einer zehn Zentimeter dicken Schicht, aufgebracht und gut eingearbeitet.

Aber auch für Blumenwiesen ist eine Abmagerung mit Sand hilfreich, denn dann haben auch die Pflanzen nährstoffärmerer Standorte eine gewisse Chance. Allerdings muss schon sehr viel Sand auf einen Boden aufgebracht werden, um den Nährstoffgehalt wirklich zu senken. Oft ist es sogar so, dass durch die verbesserte Bodenstruktur nach dem Einarbeiten des Sandes die Bodenorganismen mehr Sauerstoff bekommen. Vorher gebundene Nährstoffe werden dadurch wieder freigesetzt und die Versorgung mit Nährstoffen verbessert sich sogar.

Wenn eine Blumenwiese nährstoffarmer Standorte, beispielsweise eine Trespenwiese, oder ein Magerrasen entstehen soll, dann muss eine nährstoffarme Vegetationstragschicht aufgebracht werden. Diese kann zum Beispiel aus 90 Prozent

Schotter und zehn Prozent unkrautfreiem Unterboden bestehen. Es kann aber auch reiner Schotter oder Kies verwendet werden. Die Schichtdicke sollte mindestens 30 Zentimeter betragen. Dafür muss der Oberboden nicht unbedingt abgefahren werden. Eine hügelartige Modellierung ist in den meisten Fällen für eine spannende Gartengestaltung sowieso sinnvoll. Auf den Hängen der Hügel läuft das Wasser schneller ab und verschafft den Trockenkünstlern einen Konkurrenzvorteil. Für Halbtrockenrasen werden auf die Schotter- oder Kiesschicht 3 bis 5 Zentimeter gütegesicherter, also unkrautfreier Grünkompost als Saatbett aufgebracht (dies entspricht 30 bis 50 Liter pro Quadratmeter) und oberflächlich eingearbeitet. Für Magerraseneinsaaten genügen 0,5 bis 2 Zentimeter Grünkompost (5 bis 20 Liter pro Quadratmeter).

Wir können den Sand aber auch nur auf den grob gelockerten Boden aufbringen. Dann haben die Hungerkünstler größere Chancen, sich zu etablieren, allerdings müssen wir aber auch manchmal ein bis zwei Jahre warten, bis die Einsaat auch wirklich zu sehen ist.

Wurzelunkräuter vermeiden: Gründüngung hilft

Boden ist ein wertvolles Gut. Er entstand im Laufe von Jahrmillionen aus der Gesteinsformation einer Landschaft unter dem Einfluss wechselnder klimatischer Einflüsse und Vegetationsdecken. Er ist deshalb auch ein erdgeschichtliches und historisches Dokument. Einmal zerstört, sind seine ursprünglichen Eigenschaften unwiederbringlich verloren. Deshalb gibt es Bodenschutzbestimmungen, zu denen auch der Erhalt des Oberbodens bei Baumaßnahmen gehört. Der Oberboden muss getrennt gelagert und nach dem Abschluss der Bauarbeiten wieder auf die Grundstücke aufgebracht werden.

Leider führt dies häufig zu Problemen bei der Gartengestaltung. Zumeist liegt das Baugebiet schon eine Weile brach, wenn der Oberboden abgeschoben wird. Es haben sich schon einige Brache-Zeigerpflanzen wie Brennnesseln, Quecken, Ampfer, Winden und Acker-Kratzdisteln angesiedelt. Wenn dann der Oberboden abgeschoben wird, dann erhalten diese Pflanzenarten einen weiteren Konkurrenzvorteil, denn sie sind an gestörte und nährstoffreiche Böden angepasst. Am Ende ist die Erdmiete mit allen problematischen Gartenunkräutern (oder »unerwünschten Beikräutern«) der Region bewachsen.

Im Prinzip sind im naturnahen Garten Zuwanderer erwünscht – allerdings nicht die konkurrenzstarken Besiedler gestörter nährstoffreicher Böden, wozu fast alle Wurzelunkräuter gehören. Diese Pflanzenarten verfügen über unterirdische Wurzeln oder Sprosse, in denen sie Nährstoffe speichern. Wenn der Boden gestört wird und dabei die unterirdischen Pflanzenorgane zerteilt werden, entsteht aus jedem Teilstück dieser zumeist dickfleischigen weißen »Ausläufer« eine neue

Viel zu jäten, es sei denn, wir schaffen nährstoffarme Standorte

Pflanze. Umgraben und Hacken vergrößern das Problem. Daher haben diese unerwünschten Beikräuter besonders in oft gehackten Nutzgärten gute Bedingungen und sind jedem Gemüsegärtner nur zu gut bekannt. Leider finden sie auf den Oberbodenmieten ideale Bedingungen. Wenn wir den Boden aus den verunkrauteten Oberbodenmieten dann zur Anlage unseres Gartens nutzen, werden wir viel Arbeit haben, Winden, Quecken und Acker-Kratzdisteln wieder zu entfernen.

Besser lassen wir es gar nicht so weit kommen: Im Naturgarten verzichten wir, wenn immer das möglich ist, darauf, Oberboden zur Anlage zu verwenden. Es ist viel arbeitssparender, die Vegetationstragschichten des Gartens aus unkrautfreiem Unterboden, Sand und gütegesicherter Grünkompost zu mischen.

Aus Gründen des Bodenschutzes und aus Kostengründen kann es aber sinnvoll sein, den Oberboden, der vor dem Bau des Hauses auf dem Grundstück lag, weiterzuverwenden. Solange der Oberboden als Miete aufgeschichtet am Rande des Grundstückes lagert, sollte er gut gepflegt werden. Das heißt, die Miete wird sofort nach der Anlage mit einer konkurrenzstarken Gründüngung eingesät. Je nach Jahreszeit kommen dazu verschiedene Arten in Frage, beispielsweise Saatsenf, Ölrettich oder Phacelia. Für Naturerlebnisgärten verwenden wir nur solche Gründüngungspflanzen, die keinen Stickstoff anreichern, also keine Kleearten und keine Lupinen, die ja zusätzlich auch noch invasiv sind.

Wir sorgen durch die Auswahl oder Pflege des Bodens dafür, dass der Boden unkrautfrei, d. h. vor allem frei von unterirdischen Speicherorganen der Wurzelunkräuter ist. Wenn uns Boden geliefert wird, dann sollten wir ihn überprüfen, bevor er abgekippt wird: Es dürfen sich darin keine Wurzeln finden, vor allem nicht die weißen, dickfleischigen der Wurzelunkräuter. Wenn das doch der Fall ist, dürfen wir den Boden getrost zurückweisen.

Das Saatbett bereiten

Wir haben also entweder durch Entfernung des vorhandenen Bewuchses, durch eine sorgfältige Pflege des Oberbodens oder durch das Aufbringen einer unkrautfreien Vegetationstragschicht dafür gesorgt, dass der Boden unkrautfrei ist. Nun können wir das Saatbett bereiten. Dafür sollte der Boden gelockert und fein gekrümelt sein. Kleinere Flächen können mit dem Sauzahn gelockert und dann mit Grubber und

Pflanzen und ihre Tiere

Arnika & Rothirsch oder: Warum sind die Samen von Wiesenpflanzen so fein?

Samen von Wiesenpflanzen sind oft sehr fein, manche, wie die von Glockenblumen, sogar so fein, dass wir die einzelnen Körner kaum erkennen können. Das Saatgut sieht eher aus wie Staub. Warum das so ist, wird klar, wenn wir uns die Frage stellen, wer Wiesenpflanzen eigentlich verbreitet hat, bevor der Mensch das übernommen hat. Können große Pflanzenfresser vielleicht genau die Pflanzen verbreiten, die sie besonders gerne fressen, ähnlich wie wir heute eine Blumenwiese säen mit den Arten, die uns besonders gut gefallen? Die Forscherin Anya Wichelhaus hat zur Klärung dieser Frage die Rothirsche auf dem Truppenübungsplatz Grafenwöhr in Bayern untersucht. Dafür hat sie Rothirschlosung aufgesammelt, 60 Liter – also sechs große Eimer – zerstoßener Losung in kleinen Portionen ausgesät und die knapp 36 000 Keimlinge, die aufliefen, bestimmt. So hat sie herausgefunden, dass Rothirsche besonders gute Verbreiter von Samen sind. Jedes Tier verteilt im Jahr 300 000 bis 400 000 keimfähige Samen, jeder einzelne Losungshaufen enthält fünf bis siebzehn verschiedene Arten! Besonders kleine und hartschalige Arten werden leicht beim Abweiden mit aufgenommen, überstehen das Kauen, Wiederkäuen und die Verdauung besonders gut und landen dann an einem gut mit Nährstoffen versorgten, aber ziemlich konkurrenzarmen Ort, nämlich in der sich zersetzenden Losung. Einige Arten fanden sich in ihren Versuchen viel häufiger als auf den beweideten Flächen, dazu gehörten Augentrost und Arnika, zwei berühmte Heilpflanzen. Anya Wichelhaus beobachtete, dass fast alle Arnikablütenstände abgefressen waren. Könnte es also sein, dass die Heilwirkung mancher Pflanzen nicht nur zufällig aus Abwehrstoffen resultiert, sondern die heilenden Stoffe für die Pflanzen einen weiteren Vorteil darstellen, weil sie so von den Pflanzenfressern ganz gezielt aufgenommen und durch die Losung verbreitet werden? In Bezug auf Arnika sieht es ganz so aus.

Der Rothirsch frisst auch die Heilpflanze Arnika (oben) und verbreitet so ihre Samen

Harke fein gekrümelt werden. Ist der anstehende Boden sehr schwer (tonig lehmig), kann es sinnvoll sein, zunächst ein Jahr lang eine Gründüngung auf der Fläche wachsen zu lassen.

Größere Flächen werden durch das Fräsen schon fein gekrümelt. Auch hier kann bei schweren Böden eine Gründüngung sinnvoll sein. Schneller, aber unter Schädigung des Bodenlebens, geht es, wenn der Boden im Herbst gepflügt oder umgegraben wurde und der Frost im Winter die Schollen bricht.

Säen und Walzen

Sand als Aussaathilfe

Nun liegt der Boden fein gekrümelt vor uns. Jetzt sollten wir uns noch etwas zurückhalten und nach dem letzten Arbeitsgang zwei Wochen warten, damit sich der Boden etwas setzt und die Kapillaren im Boden wieder funktionsfähig werden. Nur dann kann Bodenfeuchte aufsteigen und unsere Saat vertrocknet nicht.

Nach dieser Wartezeit wird gesät. Vor der Aussaat kann der Boden noch einmal sehr flachgründig gelockert werden, zum Beispiel indem wir flach darüberharken oder ihn sehr flach fräsen. Während die konventionellen Regelsaatgutmischungen für Landschaftsrasen und Intensivrasen mit einer Saatgutstärke von 20 bis 25 Gramm pro Quadratmeter ausgesät werden, brauchen wir bei Wildsamenmischungen nur ein bis maximal sechs Gramm auf den Quadratmeter. Das sind für 100 Quadratmeter, in heutigen Neubaugärten schon eine erhebliche Flächengröße, vielleicht 200 Gramm – wenige Handvoll. Da ist es nicht einfach, gleichmäßig auszusäen. Deshalb mischen wir das Saatgut mit einem Füllstoff. Das können Sojaschrot, Vermiculite, Sägespäne oder Sand sein. Sand ist am einfachsten zu beschaffen und eignet sich auch besonders gut. Es ist durchaus von Vorteil, wenn er etwas feucht ist. Dann kleben die Samenkörner an den Sandkörnern und werden nicht vom Wind verweht.

Wir mischen das Saatgut also in einem Eimer mit leicht feuchtem Sand. Dabei ist es wichtig, gründlich zu arbeiten, so lange, bis das Saatgut wirklich gleichförmig mit dem Sand vermischt ist. Jetzt wenden wir einen Trick an, der verhindert, dass uns das Saatgut ausgehen kann: Wir teilen das Saatgut in zwei gleich große Hälften auf, das heißt wir geben die Hälfte des Inhalts in einen zweiten Eimer, geben wieder Sand zu und mischen wieder gründlich. Bei größeren Flächen können wir diese Schritte beliebig oft wiederholen. Auch ist es möglich, statt mit Eimern mit Schubkarren zu arbeiten. Wichtig ist nur, dass alles immer gleichmäßig durchmischt wird.

Dann säen wir ein, und zwar mit jeder der beiden Saatguthälften die gesamte Fläche. Wenn wir uns dann beim ersten Mal verschätzen, haben wir mit der zweiten Saatguthälfte die Möglichkeit, diesen Fehler zu korrigieren. Gesät wird von Hand und kreuzweise, das heißt, wir gehen einmal in parallelen Reihen über die Fläche und das zweite Mal im rechten Winkel dazu. Dadurch dass das Saatgut mit einem hellen Füllstoff gemischt ist, ist gut zu sehen, wo schon gesät wurde und wo noch nicht.

Wenn mit einer Sämaschine gesät wird, ist es ebenfalls wichtig, dass das Saatgut mit einem Saathelfer gleichmäßig gestreckt wird. Hier hat sich Vermiculit, ein Tonmineral, das vom Fachhandel manchmal mit dem Saatgut gleich mitgeliefert wird, besonders bewährt, da sein spezifisches Gewicht dem der Pflanzensamen nahekommt. Die Samen sollten nicht eingedrillt werden, am besten wird eine pneumatische Sämaschine benutzt, die die Samen aufbläst.

Die meisten Wildpflanzen sind Lichtkeimer. Das Saatgut wird deshalb nicht eingearbeitet, sondern nur angedrückt. In Hausgärten wird die Fläche gewalzt, man kann aber auch Bretter benutzen, die unter die Füße geschnallt werden. An Hängen hat sich das Anklopfen mit einer umgedrehten Schaufel bewährt.

Eigentlich müsste die Fläche jetzt gleichmäßig feucht gehalten werden. Am besten für die Einsaat ist es, wenn auf die Saat eine Regenperiode folgt und es regelmäßig regnet. Bei der künstlichen Beregnung ist die Gefahr sehr groß, dass entweder zu wenig gewässert wird oder dass durch eine zu intensive Bewässerung der Boden verschlammt und das Saatgut weggeschwemmt wird. Am erfolgversprechendsten ist es, der Natur ihren Lauf zu lassen. Wildpflanzensamen sind flexibel, es gibt nach einem Fehlstart durch eine Trockenperiode genug Samenmaterial, das noch keimen kann. Wenn der Samen aber durch zu intensives Wässern verschwunden ist, dann kann auch die unterschiedlich lange Keimhemmung der Wildsamen die Situation nicht mehr retten. Dies gilt natürlich besonders für Hänge.

Die erfolgreiche Einsaat von Blumenwiesen und Blumenkräuterrasen

1. Staunässe beseitigen oder Feuchtwiese anlegen.
2. Für unkrautfreien Boden sorgen.
3. Boden tiefgründig lockern.
4. Feinkrümeliges Saatbett bereiten.
5. Boden zwei Wochen absetzen lassen.
6. Vor der Aussaat sehr flach lockern.
7. Kreuzweise die Fläche zweimal einsäen.
8. Anwalzen.

Auf die Mischung kommt es an: Auswahl des Saatgutes

Ob sich nach so viel Arbeit eine stabile und blütenbunte Wiese beziehungsweise ein ebensolcher Blumenkräuterrasen entwickelt, hängt hauptsächlich von der Qualität des Saatgutes ab. Hier kann man nicht wählerisch genug sein.

Woran erkennt man ein gutes bzw. schlechtes Saatgut? Schöne und dauerhafte Blumenwiesen und Blumenkräuterrasen entstehen dann, wenn die Mischungen echte Wildgrasarten und Wildkräuterarten enthalten. Denn nur Wildgrasarten sind so wuchsschwach, dass die bunt blühenden Kräuter auch eine Chance haben. Die Zuchtsorten der Gräser wurden mit dem Ziel gezüchtet, dass sie mit ihren Ausläufern so ausbreitungsstark sind, dass sie alles andere verdrängen können. Im konventionellen Rasen sind Kräuter unerwünscht, in der Wirtschaftswiese werden die meisten Kräuter als zu ertragsschwach beurteilt. Die Eigenschaft der Kulturgrassorten, Kräuter zu verdrängen, steht dem Ziel einer blütenbunten Fläche entgegen.

Ähnliches gilt für die Kultursorten von Rotklee und Hornklee. Auch sie sind in Futtergrasmischungen enthalten, weil sie viel Ertrag bringen und sehr konkurrenzstark sind. Zusätzlich sorgen sie durch ihre Wurzelknöllchenbakterien für eine dauerhafte Düngung der Flächen. Die bunten Kräuter der Magerstandorte haben keine Chance mehr, wenn Futterklee mit eingesät wird.

Wir können ungeeignetes Blumenwiesensaatgut in den meisten Fällen daran erkennen, dass als auszubringende Saatgutmenge Werte um 20 Gramm pro Quadratmeter angegeben werden. Das deutet darauf hin, dass das Saatgut viele Grassamen und wenig Kräutersamen enthält. Finden wir dann noch die Namen Deutsches Weidelgras bzw. Englisches Raygras *(Lolium perenne)*, Ausläufer-Rotschwingel *(Festuca rubra rubra)* oder Weißes Straußgras *(Agrostis stolonifera)* in der Artenliste des Saatgutes, dann enthält die Mischung die nach dem Saatgutverkehrsgesetz vorgeschriebenen konventionellen Rasen- und Futtergrassorten. Vor allem Deutsches Weidelgras ist sehr konkurrenzstark und verdrängt konkurrenzschwache Wildgrasarten und Wildkräuter. Deshalb ist es in Futtergrasmischungen ja auch enthalten. Es stammt vermutlich aus der oberen Salzwiesenzone, wird sehr gerne vom Vieh gefressen, bildet dichte Rasen und spricht gut auf Stickstoffdüngung an.

Fachbetriebe für naturnahes Grün oder zertifizierte Hersteller von Wildsamenmischungen (Adressen siehe Seite 171) können garantieren, dass ihr Saatgut nur die Wildarten und keine Kultursorten enthält.

Nach der Aussaat kann gutes Saatgut daran erkannt werden, dass das Erscheinungsbild der Fläche im ersten Jahr ganz und gar nicht unserem Wunschbild von einer blühenden Blumenwiese entspricht. Wildgräser und Wildkräuter keimen langsam und zeitlich verzögert. Deshalb ist oft außer »Unkraut« am Anfang nichts zu sehen (siehe dazu auch Seite 102). Ein schnelles Auflaufen von Gräsern deutet andererseits darauf hin, dass Kultursorten verwendet wurden.

Pflege im ersten Jahr

Im ersten Jahr werden Blumenwiesen- und Blumenkräuterrasen-Einsaaten in gleicher Weise gepflegt: Nachdem die einjährigen Beikräuter im Bestand geschlossen sind, also von oben betrachtet kein Boden mehr zu sehen ist, muss unbedingt der erste Schnitt, der sogenannte »Schröpfschnitt« durchgeführt werden. Dafür wird am besten eine Sense oder Sichel benutzt (siehe Seite 116). Auch eine Heckenschere an einer Teleskopstange ist einen gute Möglichkeit. Für einen Rasenmäher ist der Aufwuchs oft zu hoch und viele Mäher würden auch etliche der frisch gekeimten Wildkräuter und Wildgräser aus dem Boden ziehen. Es gibt aber Profimaschinen, die sich durchaus dafür eignen. Wie alle Maschinen haben diese natürlich den Nachteil, dass sie viel mehr Tiere schädigen.

Mähen mit der Heckenschere

Bei trockenem Wetter und wenig Aufwuchs kann das Schnittgut auf der Fläche liegen gelassen werden. Wenn jedoch die Gefahr besteht, dass eine dichte Matte aus Schnittgut unsere Ansaat bedeckt, wird es nach dem Trocknen vorsichtig abgerecht.

Unter dem Schirm der einjährigen »Unkräuter« konnten die Wildkräuter und Wildgräser keimen, nach dem Schnitt bekommen sie Licht. Das Ziel der Pflege ist nun, dass ihre Rosetten gestärkt werden. Deshalb wird nach dem Schröpfschnitt die Fläche immer dann gemäht, wenn der Bewuchs etwa zehn bis fünfzehn Zentimeter Höhe erreicht hat. So entsteht schon am Ende der ersten Vegetationsperiode eine Grasnarbe. Solch eine aufwendige Pflege können wir natürlich nur im Hausgarten leisten, auf großen Flächen muss das häufige Mähen im ersten Jahr aus Kostengründen wohl eher ausfallen. In den Folgejahren wird die Blumenwiese zwei- bis dreimal im Jahr gemäht, der Blumenkräuterrasen nach Bedarf mehrfach im Jahr.

Umwandlung mit Initialpflanzungen

Bei kleinen konventionellen Rasenflächen kann die Umwandlung in einen Blumenkräuterrasen, vielleicht sogar in eine Blumenwiese auch durch eine Bepflanzung von Initialflächen versucht werden. Der Erfolg hängt davon ab, in welchem Maße in der Rasenfläche konkurrenzstarke Grassorten vorhanden sind. Ist durch ausbleibende Düngung das Weidelgras schon geschwächt, wächst also nicht mehr so stark und hat eine eher gelblich grüne Farbe, liegen die Erfolgschancen höher.

Klappertopf schwächt als Halbparasit die Gräser

Dazu werden Flächen von mindestens einem Quadratmeter von ihrer Grasnarbe befreit. In diese kleinen Beete werden die erwünschten Stauden hineingepflanzt, und zwar in relativ großer Dichte, 8 bis 10 Stück je Quadratmeter, am besten in Gruppen von ebenfalls 8 bis 10 Stück. Wenn die Beetflächen nur einen Quadratmeter groß sind, passt nur eine Art auf diese Fläche. Dies hat den Vorteil, dass die Minibeete leicht zu pflegen sind und dass die Pflanzen in der Regel mehr Samen bilden, wenn sie zu mehreren gepflanzt werden.

Im ersten Jahr werden diese Flächen tatsächlich wie Beete gepflegt und nicht in die Mahd des Rasens oder der Wiese mit einbezogen. Keimende Beikrautpflanzen oder einwanderndes Gras werden gejätet. Zur Bodenbedeckung können die Flächen auch mit Sand gemulcht werden. In den Folgejahren entspricht die Pflege der Initialbeete der Pflege des gesamten Rasens oder der Wiese.

Bei der Artenwahl für diese Vorgehensweise bevorzugen wir ausbreitungsstarke Arten, dazu gehören für einen Blumenkräuterrasen Schafgarbe *(Achillea millefolium)*, Kriechender Günsel *(Ajuga reptans)*, Gundermann *(Glechoma hederacea)*, Hornklee *(Lotus corniculatus)*, Oregano *(Origanum vulgare)*, Braunelle *(Prunella vulgaris)*, Gamander-Ehrenpreis *(Veronica chamaedrys)* und Margerite *(Leucanthemum ircutianum)*.

Für Blumenwiesen eignen sich zusätzlich zu den Arten, die für einen Blumenkräuterrasen gepflanzt werden, noch Wiesen-Pippau *(Crepis biennis)*, Skabiosen-Flockenblume, Wiesen-Witwenblume und Scharfer Hahnenfuß *(Ranunculus acris)*. Aber auch die Pflanzung konkurrenzschwächerer Wiesenkräuter ist einen Versuch wert. Als Zwischensaat, die den Boden zwischen den gepflanzten Stauden bedeckt, können wir Wiesen-Glockenblume *(Campanula patula)* wählen.

Konkurrenzstarke Gräser in den umgebenden ehemaligen Rasenflächen können durch das Aussäen von Klappertopfsamen geschwächt werden. Klappertopf *(Rhinanthus)* ist ein Halbparasit und zapft Graswurzeln an. Er entzieht seinen Wirten vor allem Wasser und weniger die Nährstoffe. Wirtschaftswiesen bringen dadurch weniger Ertrag, für den Landwirt ist der Klappertopf ein Unkraut, für uns ist die Schwächung der Gräser das Ziel. Klappertopfsamen keimt nur, wenn er frisch ist. Daher sollte das Saatgut umgehend ausgebracht werden.

Rasen und Wiesen pflegen

Naturnah schneiden – nur so viel wie nötig

Bei der Rasen- und Wiesenpflege wird der Unterschied zwischen einem konventionellen und einem naturnahen Rasen sehr deutlich: Im konventionellen Garten wird die Grasnarbe durch Pflegemaßnahmen und Herbizide in ihrer Gleichförmigkeit erhalten und durch Bewässerung und Düngung zu Höchstleistungen im Wachstum angetrieben. Das führt dazu, dass regelmäßig geschnitten werden muss und das Schnittgut dann auf dem Kompost oder im Mülleimer landet.

Im Naturgarten versuchen wir, möglichst wenig in die Lebensgemeinschaft einzugreifen, also auch möglichst wenig zu mähen. Wir düngen nicht oder nur wenig, um den schwach wachsenden Wildblumen eine Chance zu geben, und bewässern die Flächen nicht. Es ist doch pure Verschwendung, Trinkwasser oder Grundwasser dafür zu benutzen, um das zeitweise Vergilben einer Rasenfläche zu verhindern. Stattdessen begrüßen wir Trockenzeiten als eine Chance für die schönen Hungerkünstler unserer Natur, ihren Konkurrenzvorteil auszuspielen.

Auf diese Weise haben wir weniger Arbeit und weniger Grasschnitt zu entsorgen. Am besten trocknen wir den Schnitt auf der Fläche, vor allem wenn einige Arten schon geblüht haben, und räumen ihn erst danach ab.

Am besten ohne Motor mähen

Jahrhundertelang wurden Rasenflächen in Parks und Gärten beweidet oder mit der Sense gemäht. Was für eine schöne Vorstellung: In aller Frühe, wenn das Gras noch feucht ist, hinausgehen, den Rhythmus des eigenen Körpers fühlen, die Sense durch das Gras gleiten lassen. Die Morgenstille genießen und sie nicht durch Maschinengeräusche unterbrechen.

Allerdings braucht es viel Übung und Erfahrung, bis eine mit der Sense gemähte Rasenfläche nicht wie gerupft aussieht. Und viele, die während der Woche berufstätig

← Kleine Flächen können gut mit Sense oder Sichel gemäht werden sind, werden keine Lust haben, am Wochenende morgens früh hinauszugehen und die Rasenfläche zu sensen.

Langschläfer und diejenigen, die die Kunst des Sensens nicht erlernen möchten, sollten auf Maschinen zurückgreifen, die die Tiere auf unserem Rasen möglichst wenig schädigen. Eine an einer Teleskopstange geführte Heckenschere arbeitet ähnlich wie der auf größeren Flächen besonders schonend arbeitende Balkenmäher und ist ein guter Sensenersatz.

Rasenmäher bringen nur bei trockenem Gras gute Ergebnisse. Ein gut gepflegter und geschärfter Handrasenmäher schneidet die Pflanzen wie eine Schere und damit so wie eine geübt geführte Sense. Die glatten Schnittkanten können rasch verheilen und bieten Pilzen kaum Angriffsflächen. Auch die Lärmentwicklung hält sich in Grenzen. Handrasenmäher dürfen auch nach 19 Uhr und in der Mittagszeit benutzt werden.

Der zusätzliche Vorteil des Handrasenmähers: Er ist absolut abgasfrei. Dies schont nicht nur das Klima, sondern auch die eigene Gesundheit.

Natürlich braucht es etwas Kraft, einen Spindelmäher zu bedienen, aber ein Grund, warum wir gerne im Garten arbeiten, ist doch auch die Tatsache, dass wir uns in unserem Garten an frischer Luft bewegen. Vor allem bei kleinen Rasenflächen wird die meisten das Rasenmähen ohne Umweltbelastung nicht überanstrengen und das Fitnessprogramm ist gleich inklusive.

Keine Mähroboter im Naturgarten

Wenn ein Mähroboter leise schnurrend scheinbar ziellos über eine Rasenfläche fährt, dann sieht das geradezu putzig aus und erinnert irgendwie an ein weidendes Tier. Kann ein Mähroboter also vielleicht die biodiversitätsfördernde Wirkung eines Weidetieres ersetzen?

Leider ist das Gegenteil der Fall, denn die Mähroboter sind keine Vegetarier, sondern »Allesfresser«: Sie zerhäckseln alles, was ihnen unter die Messer kommt. Immer wieder kommt es zu Unfällen, denn die Sicherheitssysteme, die den Mäher vor Kinderfüßen und Kinderhänden oder Igeln stoppen sollen, sind unzuverlässig. Um ihre Kinder oder Haustiere zu schützen, lassen viele Gartenbesitzer dann den Mäher nachts seine Arbeit tun. Igel mögen ihn vielleicht noch in letzter Minute als Gefahr erkennen, laufen aber nicht weg, sondern rollen sich ein. Meist geraten sie so unter die Messer …

Im Naturgarten haben Mähroboter nichts zu suchen. Denn sie verletzen nicht nur Igel schwer, sie häckseln auch alle Insekten und anderen Kleintiere, die – und das sind die meisten – den Mäher nicht als Gefahr erkennen, und zwar ständig. Das

Resultat ist dann tatsächlich ein grüner Teppich, der zwar aus Gras besteht, aber nicht mehr sichtbar wächst und für Kleintiere zur Todesfalle wird.

Wer lieber mähen lassen möchte, statt selber zu mähen, dem seien, je nach Gartengröße Meerschweinchen, Kaninchen oder Schafe empfohlen. Kleintiere sorgen für ein biodiversitätsförderndes Mosaik aus kurzrasigen und höher bewachsenen Flächen und bringen ganz neue Nahrungsnetze in den Garten, die mit dem biologischen Abbau der Ausscheidungen der Tiere beginnen.

Außerdem schaffen Kleintiere immer wieder kleinere vegetationslose Stellen, wenn sie sich auf der Wiese oder dem Blumenkräuterrasen frei bewegen dürfen. Viele Wildbienenarten nisten bevorzugt in solchen Bereichen.

Mähen mit der Sichel

Sicheln eignen sich zum Schneiden kleinerer Flächen. Dabei wird in der Regel das Mahdgut mit der »schwachen« (bei Rechtshändern also mit der linken) Hand festgehalten und vorgespannt und dann mit der von der »starken« Hand geführten Sichel abgeschnitten. Diese Vorgehensweise, Pflanzen abzuschneiden, eignet sich also besonders für Erntearbeiten, denn das abgeschnittene Material kann so leicht aufgehäuft oder auf andere Weise zur Weiterverarbeitung geordnet abgelegt werden. Sicheln gab es tatsächlich schon vor der »Erfindung« des Ackerbaus. In Kleinasien hat man Sichelklingen aus Feuerstein gefunden, die elftausend Jahre alt sind. Schnitter und Schnitterinnen haben über Jahrtausende mit Sicheln Getreide geerntet und konnten auch Wiesengräser schneiden.

Sicheln brauchen nicht sonderlich scharf zu sein, denn die vorgespannten Pflanzenteile werden eher durchgeschlagen als durchgeschnitten. Durch diese Vorgehensweise ist das Benutzen der Sichel aber auch nicht ungefährlich. Es ist wichtig, sich ständig darauf zu konzentrieren, dass die Sichel nicht die Hand, die das Mahdgut umgreift, verletzt. Zur Sicherheit sollten gute Schutzhandschuhe getragen werden, auch wenn es dann schwieriger ist, das Pflanzenbündel präzise zu fassen. Scharfe Sicheln können auch ähnlich wie eine Sense benutzt werden, also so, dass die Sichel durch das Gras geführt wird, ohne dass eine Hand ein Grasbüschel vorher fasst.

Beim Absicheln muss man sich jedoch immer bücken, was nicht sonderlich gesund für den Rücken ist. Flächen mit der Sichel zu mähen, ist nur für Flächen von wenigen Quadratmetern empfehlenswert.

Mähen mit der Sense

Beim Sensen wird die Schneide in aufrechter Haltung durch den zu mähenden Pflanzenbestand geführt. Dafür muss das Sensenblatt aber so scharf sein, dass es die Pflanzen problemlos durchschneiden kann.

Pflanzen, deren Gewebe am frühen Morgen durch die gute Wasserversorgung straff sind und die deshalb aufrecht stehen, sind leichter zu schneiden als welke Pflanzen in der Mittagssonne. Deshalb wird vorzugsweise dann gemäht, wenn die Pflanzen keinen Trockenstress haben, also morgens. Bei Nieselregen kann auch tagsüber gemäht werden, allerdings sollten wir sicher sein, dass eine Schönwetterperiode folgt, in der das Heu dann auch trocknen kann. Mit Sensen können große Flächen gemäht werden, ohne dass der Rücken ermüdet. Erfahrene Senserinnen und Senser können stundenlang arbeiten.

Eine Fläche mit der Sense zu mähen, ist, ökologisch betrachtet, der vorteilhafteste Weg. Die Sense schädigt viel weniger Wiesentiere als Kreisel- oder Mulchmäher. Abgase oder Lärm entstehen nicht. Mähen mit der Sense kann als gesunde und entspannende sportliche Tätigkeit im Freien zu einem Hobby werden. Die langsamen, rhythmischen Bewegungen von rechts nach links und von links nach rechts wirken beruhigend und ausgleichend, dazu der Duft des abgeschnittenen Grases und der Blumen, das leise Geräusch der Schneide: Mäherinnen und Mäher berichten, dass sie manchmal einen meditativen Zustand höchster Aufmerksamkeit bei gleichzeitiger Selbst- und Zeitvergessenheit erreichen.

Um zu lernen, wie wir die richtige Sense für die zu mähende Fläche auswählen, sie richtig einstellen, schärfen und bedienen, belegen wir am besten einen Kurs, in einer Volkshochschule, einer Umweltbildungseinrichtung oder beim Deutschen oder Österreichischen Sensenverein (Adressen siehe Seite 171).

Sensen sind, verglichen mit Rasenmähern oder Motorsensen, nicht teuer. Wir können uns also mit Freude eine Sense in guter Qualität zulegen. Das Sensenblatt sollte voll geschmiedet sein und einen Kohlenstoffgehalt unter einem Prozent haben. An der Schneide darf das Blatt nicht mehr als einen Millimeter dick sein, sonst lässt es sich nicht ausreichend schärfen. Sensen werden während des Mähens immer wieder mit dem Wetzstein geschärft und müssen in regelmäßigen Abständen gedengelt werden.

Beim Dengeln wird die Schneide mit Hammer und Amboss bearbeitet, dieses »kalte Schmieden« schafft eine dünne und gut zu schleifende Schneide und härtet den Stahl nach. Ein Nachschärfen durch Schleifen führt deshalb nicht zum gewünschten Erfolg, die Schneide bleibt weich und wird leicht unbrauchbar. Anfängern erleichtert ein Dengelapparat das Dengeln, Sicherheitssensenschleifer schützen die Hand vor Schnittverletzungen beim Wetzen des Sensenblattes.

Staffelmahd: Mähen mit der Sense. Wie es geht, lässt sich in Kursen lernen.

Gewetzt wird immer vom Bart zur Spitze, so entstehen winzige Sägezähne, die das Gras effektiv schneiden können. Beim Wetzen wird die Sense mit dem oberen Griff auf die Erde gesetzt und vor dem Körper aufgestellt. Das Blatt wird mit einem Lappen gereinigt und dann wird der Wetzstein in einem relativ flachen Winkel von nicht mehr als 45 Grad zum Sensenblatt an der Schneide entlanggeführt. Die meisten Wetzsteine müssen feucht sein und werden deshalb in einem Wasserbehälter mitgeführt. Der Wetzstein wird regelmäßig gereinigt, sonst verstopfen winzig kleine Metallsplitter seine raue Oberfläche, ein Schleifen ist dann nicht mehr möglich.

Auf ebenen Flächen ohne Gehölzinseln werden längere Sensenblätter eingesetzt als auf stärker strukturierten oder geneigten Wiesen. Mit längeren Sensenblättern können breitere Streifen gemäht werden, die Arbeit ist dadurch aber auch anstrengender. Für Anfänger ist ein Blatt mit einer Länge von 65 bis 75 Zentimetern geeignet.

Wenn die Länge des Sensenbaumes auf die Körpergröße abgestimmt wird, ist ein entspanntes Arbeiten in aufrechter Haltung möglich. Vertikal vor dem Körper aufgestellt, sollte das obere Ende des Sensenbaums vor dem Kehlkopf liegen. Der Sensenbaum hat zwei Griffe, der mittlere sollte so angebracht sein, dass ihn die Faust bei ausgestrecktem Arm umfassen kann, wenn der obere Griff unter der Achselhöhle liegt. Es ist besser, wenn die Holzgriffe nicht lackiert sind, dann bleiben die Hände immer trocken und können nicht abrutschen. Wenn der mittlere Griff nicht kurz, sondern als hohe Krücke ausgebildet ist, dann ist es leicht, eine rückenschonende, aufrechte Haltung bei der Arbeit einzunehmen.

Beim Sensen wird das Sensenblatt immer parallel zum Boden geführt. So schneidet das leicht nach oben aufgestellte Blatt die Pflanzen schräg nach oben ab. Dabei geht die Bewegung vom Oberkörper aus, die Arme bewegen sich nicht. Am Anfang des Schwunges ist das etwas vor dem linken Fuß aufgesetzte rechte Bein gebeugt, am Ende wird es gestreckt. Während des Rückschwunges geht der oder die Mähende zwei Schritte nach vorne, sodass der rechte Fuß wieder vorne steht. Zum nächsten Schnitt führen wir das Sensenblatt nur ungefähr zehn Zentimeter in den Bestand ein.

Bei einer richtig eingestellten Sense bleiben Sensenspitze und Sensenblatt immer leicht nach oben gerichtet. Das gemähte Gras wird nach links als sogenannter »Schwaden« abgelegt.

Auch wenn wir im Privatgarten das Heu nicht verwenden können: Es ist wichtig, das Mahdgut auf der Fläche zu trocknen. Nur so können die Pflanzen nachreifen und Samen noch auf der Fläche ausfallen. Dafür wird der Bewuchs erst einmal in einer dünnen Schicht ausgebreitet und dann so lange mit einem Heurechen gewendet, bis das Heu trocken ist. Erst dann wird es zu Schwaden aufgehäuft und abgeräumt. Blumenwiesenheu ist Gesundheitsfutter für Meerschweinchen und Kaninchen, es gibt bestimmt dankbare Abnehmer in der Nachbarschaft.

Richtig sensen

- Die Sense an das Körpermaß anpassen, so wird eine rückenschonende aufrechte Haltung beim Mähen möglich.
- Sense regelmäßig während des Sensens nachschärfen.
- Sense regelmäßig dengeln.
- Schneide immer parallel zum Boden führen, leicht nach oben zeigend.
- Für jeden Schnitt nur etwa zehn Zentimeter in den Bestand eintauchen lassen.
- Beim Schwingen der Sense die Körperachse drehen, nicht die Arme.

Heckenschere und Balkenmäher für die biodiversitätsfördernde Pflege

Für sehr große Flächen gibt es Motorsensen. Mit ihnen kann schneller gearbeitet werden und es sind keine handwerklichen Fähigkeiten notwendig, um sie zu bedienen. Dafür handelt man sich aber etliche Nachteile ein: Der Motor wird oft mit Benzin betrieben und gibt seine Abgase direkt am Kopf des Sensenführers ab, auch ist der Lärm, den eine Motorsense entwickelt, erheblich. Inzwischen gibt es zum Glück auch leistungsstarke Elektromotoren mit Akku.

Die Lärmentwicklung von Sensen mit Elektromotor liegt bei 80 Dezibel. Motorsensen mit Benzinmotoren produzieren dagegen eine Lärmbelastung von 95 bis 100 Dezibel, das entspricht einem lauten Benzinrasenmäher. Wie bei den Rasenmähern werden Viertaktmotoren und Zweitakter angeboten, wobei die Zweitaktmotoren besonders viele Abgase emittieren.

Das Gras wird bei Motorsensen durch einen schnell rotierenden Faden oder ein rotierendes Messer geschnitten. Dabei werden des Öfteren Steinchen oder andere schwere Kleinteile erfasst und durch die Luft geschleudert. Deshalb ist es unbedingt notwendig, dass Motorsensenführer eine persönliche Schutzausrüstung tragen, die vor diesen Geschossen schützt. Das sind Arbeitsschuhe, eine Prallschutzhose, ein Helm mit Augenschutzschirm, Arbeitshandschuhe und Gehörschutz.

Auch wenn es weniger gefährlich erscheint, wenn die Sense mit einem Kunststofffaden statt eines rotierenden Messers mäht – auch dieser ist nicht unbedenklich: Verschleißteile aus Kunststoff werden beim Gebrauch, der ja eigentlich ein Verbrauch ist, zu Mikroplastik, das irgendwann über unsere Nahrung und die Luft auch in unseren Körpern landet.

Freischneider mit Plastikfaden produzieren Mikroplastik

Insekten und andere Tiere werden von den schnell rotierenden Schneidwerkzeugen unbarmherzig erfasst. Auch deshalb sind die Motorsensen nicht empfehlenswert. Eine gute Alternative sind Heckenscheren an einer Teleskopstange.

Eine Heckenschere ist im Grunde ein Mini-Balkenmäher und der hat sich bis jetzt als die Maschine herausgestellt, die am wenigsten die Tiere schädigt, denn vor allem schnell kreisende Messer von Motorsense oder Kreiselmäher sind tödlich für die Tierwelt. Weil die Messer einer Motorsense nur einen kleinen Bereich erfassen und der Motorsensenführer eher langsam vorankommt, können mobile Tiere noch fliehen. Bei einem schnell fahrenden Kreiselmäher, der von einem Traktor gezogen wird, ist das nicht mehr der Fall. Kreisel- und Mulchmäher schädigen mehr Tiere als alle anderen Systeme.

Balkenmäher statt Mulchmäher für große Flächen

Für große Flächen im landwirtschaftlichen Bereich sind deshalb Balkenmäher, die das Gras mit zwei gegeneinander arbeitenden Messerbalken abschneiden, die naturschonendere Alternative. Früher waren Balkenmäher so konstruiert, dass ein Messerbalken sich an einem starren Balken mit sogenannten »Fingern« entlangbewegte. Diese Geräte waren wartungsintensiv, konnten nur trockenes Gras schneiden und verstopften leicht. Die neu entwickelten Doppelmesserbalken verstopfen nicht mehr und schneiden auch nasses Mähgut. Sie verbrauchen nur ein Fünftel der Energie eines Kreiselmähers und können deshalb auch bei großer Mähbreite von kleineren Fahrzeugen aus bedient werden, es kommt also zu weniger Bodenverdichtung.

Einer der wichtigsten Schritte zur Förderung der biologischen Vielfalt ist der Verzicht auf Mulchmäher, denn hier wird wirklich fast alles, was auf der Fläche lebt, zerschlagen und zerhackt. Blühflächen, die gemulcht werden, können so zu ökologischen Fallen werden, denn die meisten Insekten, die von den Pflanzen angelockt werden, überleben die Mulchmahd nicht. Und an Straßenrändern wird ja auch der Müll, der aus den Autos geworfen wurde, gleich zu Mikroplastik verarbeitet. Da ist es viel besser, das Mahdgut der Seitenstreifen trocknen zu lassen und dann mit dem Müll zusammen in einer Müllverbrennungsanlage zu entsorgen.

Tierverluste bei motorbetriebenen Mähgeräten minimieren

Wenn große Flächen mit motorbetriebenem Mähgerät oder einem Mähwerk gemäht werden sollen, können Tierverluste durch die Wahl des richtigen Zeitpunkts und die Art des Mähens verringert werden:

- Eine Schnitthöhe von mindestens 10 bis 15 Zentimeter schont Amphibien, Ameisen und Bodenbrüter.
- Wenn es Reptilien oder Amphibien auf der Fläche gibt, sollte gemäht werden, wenn die Tiere gut fliehen können, also wenn es warm ist. Wenn es sich um die einzige blütenreiche Fläche in der Umgebung handelt und sie deshalb viele Insekten aus einem weiten Umkreis anzieht, sollte jedoch nicht zur Hauptflugzeit der Insekten, also in der Mittagshitze gemäht werden.
- Flächen nie von außen nach innen, sondern von innen nach außen bearbeiten oder von einer Seite zur anderen. So können einige Tiere noch fliehen.
- Mosaik- oder Staffelmahd lassen Rückzugsräume auf der Fläche stehen. Bei der Staffelmahd wird jeweils nur eine Teilfläche gemäht. Zu einem späteren Zeitpunkt werden dann andere Teilflächen bearbeitet. Früher konnten die Sensenden nur eine kleine Fläche pro Tag bearbeiten, so gab es immer Rückzugsräume in der Landschaft, das wird durch die Staffelmahd imitiert.
- Bei der Mosaikmahd werden einige Bereiche wie Grabenränder, Wegränder und kleinere Inseln in der Fläche von der Mahd ganz ausgenommen. Es ist besonders

UNSER SAATGUT VERSPRECHEN

Alle enthaltenen Pflanzensorten sind hilfreich zur Verbesserung der Artenvielfalt und gelten als gute Nektar-, Pollen- und Futterpflanzen für nützliche Insekten wie Bienen, Hummeln, Schmetterlinge & Co. Wir garantieren wie immer hohe Keimfähigkeit und samenfestes Saatgut, ohne Hybrid-Sorten.

OUR SEED PROMISE

All the plant varieties included help to promote biodiversity and are considered good nectar, pollen and food plants for beneficial insects including bees, bumblebees and butterflies. As always, it's really important to us that our seeds have high germination rates and are open-pollinated varieties (no hybrid seeds).

Mulchmahd tötet besonders viele Tiere und befördert die Anreicherung der Flächen mit Nährstoffen, weil das Mahdgut nicht entfernt wird

günstig, wenn solche Überlebensinseln nicht streifenförmig sind. Für Beutegreifer ist es außerordentlich einfach, eine linienförmige Struktur entlangzulaufen und abzusuchen. Besser sind fleckenförmige Mosaike. Im öffentlichen Bereich kann jeder Mahdgang ein »Schnittmusterwettbewerb« werden.

- Möglichst wenige Überfahrten mit möglichst leichten Geräten vermindern zudem die Bodenverdichtung.
- Auf großen Flächen, wo Bodenbrüter vorkommen oder auch Rehe ihre Kitze ablegen, sollten die Standorte der Nester oder Kitze z. B. mit Drohnen gesucht und dann von der Mahd ausgenommen werden. Das hat schon vielen Kiebitzküken und Rehkitzen das Leben gerettet.

Der richtige Zeitpunkt für die Mahd

Die Artenzusammensetzung einer einmal vorhandenen Wiese oder eines Rasens wird davon beeinflusst, wie oft die Fläche gemäht wird, und vor allem, wann die Fläche im Jahr zum ersten Mal geschnitten wird. Eine Blumenwiese, die mithilfe einer hochwertigen und artenreichen Blumenwiesenmischung angelegt wurde, kann durch falsche Pflege zu einer artenarmen Grasflur verkommen, und das heißt vor allem: durch falsche Mahdzeiten und Verzicht auf das Trocknen des Mahdgutes. Aber keine Angst! Der Blumenwiesenexperte Johannes Burri aus der Schweiz sagt es so: »Bei der Blumenwiesenpflege darf man jeden Fehler machen, es ist nur wichtig, dass man ihn nur einmal und nicht regelmäßig macht.«

Blumenkräuterrasen mähen

Blumenkräuterrasen bestehen aus Pflanzenarten der Magerweiden. Bei ihrer Pflege handeln wir also ähnlich wie ein Bauer mit einer Rinder- oder Schafherde, nur dass Sense, Sichel oder Rasenmäher die Tiere ersetzen.

Aufgetrieben wird, wenn die Weiden einen Aufwuchs zeigen, der die Tiere eine gewisse Zeit ernähren kann. Das ist bei Flächen in Norddeutschland zu einer anderen Zeit als im Bayerischen Wald. In der Regel steht der Bewuchs dann 20 bis 30 Zentimeter hoch, die Frühblüher sind verblüht und ihre Blätter sind schon vergilbt. Dies wird meist Ende April der Fall sein, und zu dieser Zeit schneiden wir den Blumenkräuterrasen das erste Mal. Einige Inseln können stehen bleiben, hier kommen dann Margeriten und Salbei früh im Jahr zur Blüte, bei den gemähten Flächen blühen die Wiesenblumen dann später.

Danach wird nach Bedarf gemäht oder immer, wenn der Bewuchs eine Höhe von 10 bis 20 Zentimetern erreicht hat. Auf jeden Fall sollte ein Blumenkräuterrasen, wie Spielrasen ja auch, noch einmal spät im Jahr gemäht werden, und zwar kurz nachdem der Rasen aufgehört hat, zu wachsen. So kann kein Filz aus abgestorbenen Halmen entstehen. In den meisten Regionen wird das Ende Oktober sein, in höheren Lagen früher, im Weinbauklima wachsen Gräser manchmal auch noch im November. Aber auch hier ist es wichtig, »Puppenstuben« stehen zu lassen (siehe Seite 25), zum Beispiel als Saum vor Gehölzen. Das funktioniert besonders gut auf trockenen und mageren Standorten, denn die Altgrasstreifen sollten sich im Winter nicht auf den Boden legen.

Die Unregelmäßigkeit der Pflege, sowohl zeitlich als auch räumlich, unterstützt den Artenreichtum und den Strukturreichtum der Fläche. In den nicht gemähten Inseln haben die Insektenlarven die Möglichkeit, sich zu entwickeln, und Heuschrecken erhalten einen Rückzugsraum. Auf Blumenkräuterrasenflächen sind eigentlich immer Bläulinge zu beobachten. Meist handelt es sich hierbei um Hauhechelbläulinge, die ihre Eier auf Hornkleepflanzen ablegen und deren Raupen gerne Hornkleeblätter fressen. Wenn wir also Bläulinge beobachten, sollten wir Flächen mit Hornklee beim Mähen aussparen.

Wiesen-Margeriten sind typische Pflanzen der Blumenkräuterrasen

Kleine Ameisenhügel, sogenannten »Solarien«, schonen wir ebenfalls, auch um Grünspechte, die sich ja von Rasenameisen ernähren, beobachten zu können. Es gibt übrigens noch einen weiteren Grund, sich über Rasenameisen zu freuen: Schwärmende Rasenameisen sind ein wichtiger Bestandteil des Luftplanktons, also der Insekten, die sich in großen Höhen finden. Gerade die Vogelarten, die sich vom Luftplankton ernähren, haben große Schwierigkeiten, Nahrung zu finden und ihre Jungen zu ernähren, denn das Luftplankton wird immer weniger. Dazu gehören zum Beispiel Mauersegler oder Mehlschwalben, die sich hauptsächlich von drei Insektengruppen ernähren: Schwebfliegen, Blattläusen und Ameisen.

Blumenwiesen mähen

Wenn eine Wiese geschnitten wird, dann sind die Pflanzen zwischen 30 Zentimeter und einem Meter hoch. Das ist für jeden Rasenmäher eine Überforderung. Die Geräte, die wir brauchen, um diese Aufgabe zu bewältigen, kommen aus dem landwirtschaftlichen Bereich und sind meist Profi-Werkzeuge, das gilt auch für Handgeräte wie die Sense.

Eine Blumenwiese wird traditionell später gemäht als ein Blumenkräuterrasen. Die Wiesenpflanzen, die auf die Vermehrung durch Samen angewiesen sind, sollen sich aussamen können. Das bedeutet, dass wir das erste Mal schneiden, wenn die Wiese in der schönsten Blüte steht. Dann reifen viele Arten im trocknenden Heu

Bei jedem Mähen die Chance für einen neuen Garten

noch nach und die Samen fallen aus. Dies ist zum Beispiel beim Glatthafer der Fall, aber auch bei der Wiesen-Glockenblume, der Wilden Möhre *(Daucus carota)* und bei den Klappertopfarten.

Der erste Schnitt kann dann durchgeführt werden, wenn die Margeriten anfangen zu verblühen. So imitieren wir die Pflege der Heuwiesen, wie es sie ab der Mitte des 19. Jahrhunderts und vor allem in der ersten Hälfte des 20. Jahrhunderts gab. Vor dieser Zeit wurden die Wiesen im April beweidet, weil das Vieh nach dem langen Winter dringend frisches Grün brauchte. Diese Vorweide fördert den Blütenreichtum der Blumenwiesen, weil zu diesem Zeitpunkt die Gräser die meisten Speicherstoffe von den Wurzeln in die oberirdischen Blätter und Stängel verlagert haben. Deshalb ist es sinnvoll, zumindest auf Teilflächen schon im April zu mähen. Wann auch immer, große Flächen sollten nie auf einmal, sondern immer in Abschnitten gemäht werden und einige Bereiche sollten auch über längere Zeit ungemäht bleiben, um Rückzugsräume für Tiere zu schaffen.

Wenn der Boden nährstoffreich ist, wird nach dem ersten Schnitt noch zweimal gemäht, bei nährstoffärmeren Böden reicht ein weiterer Schnitt. Wiesen auf ganz nährstoffarmen Magerstandorten werden nur einmal im Jahr gemäht. Dieser Schnitt ist dann aber später im Jahr, er sollte frühestens im Juli, besser noch später durchgeführt werden.

Feuchtwiesen werden in der Regel zweimal jährlich gemäht, der erste Schnitt wird später durchgeführt als bei den trockeneren Glatthaferwiesen, meist im Juli. Darauf folgt dann ein zweiter Schnitt im Herbst. Sehr feuchte nährstoffarme Moorwiesen, die traditionell nur zur Einstreu genutzt wurden, werden nur einmal im Herbst gemäht.

Kein Trinkwasser für den Rasen

Wenn wir sorgsam mit unseren Ressourcen umgehen, benutzen wir nur in Ausnahmefällen Trinkwasser zum Bewässern unseres Gartens. Natürlich möchten wir Tomaten- und Salatpflanzen, die wir mit viel Mühe angezogen haben, auch beernten. Wenn dann die Regenwasservorräte aufgebraucht sind, dann werden wir die eine oder andere Gießkanne Trinkwasser im Nutzgarten ausbringen müssen. Alle unsere heimischen Pflanzenarten, die in der freien Natur auf frischen bis trockenen Böden wachsen, kommen dagegen mit Dürreperioden gut zurecht. Das Vertrocknen der oberirdischen Teile ist eine Möglichkeit, Trockenzeiten gut zu überstehen. Wenn es dann wieder regnet, treiben die Pflanzen innerhalb kürzester Zeit erneut aus. Dies gilt selbst für konventionellen Spielrasen. Weil Gräser bei Trockenheit oberirdisch vertrocknen und Kräuter nicht, fördert eine gelegentlich Hitzeperiode sogar den

Pflanzen der Magerstandorte kommen mit Trockenzeiten gut klar:
links Gewöhnliches Leimkraut und Heide-Nelke, rechts Echtes Labkraut

Artenreichtum von Rasen und Wiesen. Trinkwasser wird mit viel Aufwand in Lebensmittelqualität, also annähernd schadstofffrei produziert. Es in großen Mengen wegzuschütten, um dem Rasen seine grüne Farbe zu erhalten, ist Ressourcenverschwendung.

Spontanbesiedler tolerieren und fördern

Im naturnahen Garten sind Zuwanderer, auch in einer Spielrasenfläche, willkommen. Jede einheimische Pflanzenart ist ein eigener Lebensraum und neue Arten bringen viele neue Tiere in unseren Garten. Deshalb begrüßen Naturliebhaber jede neue Pflanzenart, es sei denn, sie ist sehr konkurrenzstark und verdrängt andere Pflanzen oder verändert die erwünschten Eigenschaften einer Gartenfläche. Was ein »Unkraut« ist, ist immer Ansichtssache. Für viele ist jede unbekannte Pflanze ein Unkraut. Aber eigentlich ist ein »unerwünschtes Beikraut« eine Pflanze, die an einer bestimmten Stelle nicht passt, weil sie die Funktion der Fläche beeinträchtigen würde, wenn wir sie weiter wachsen ließen. Auch im Naturgarten gibt es solche unerwünschten Beikräuter und Gehölze. Das kann zum Beispiel die Eiche sein, die sich mitten im Wildstaudenbeet ausgesät hat und dort nicht genügend Platz finden wird – obwohl es eigentlich nichts Biodiversitätsfördernderes gibt als eine einzeln stehende große Eiche –, oder der gelbe Hornklee, der in unser weißblaues Duftpflanzenbeet eingewandert ist und dort die Farbkomposition stört.

In Rasenflächen gibt es in der Regel kein Farbkonzept und Gehölzsämlinge werden mit der regelmäßigen Mahd meist in Schach gehalten. Es gibt deshalb nur wenige spontane Zuwanderer, die wir vielleicht zum Unkraut erklären werden.

Manche Naturgärtner mögen keinen Löwenzahn. Nun ist der Löwenzahn eigentlich eine wunderschöne und auch bei Insekten ausgesprochen beliebte Pflanze. Der Wildbienenforscher Paul Westrich fand auf den Blüten 71 verschiedene Wildbienenarten, die hier Pollen sammeln. Andere Forschende fanden die Raupen von

43 Falterarten, 14 verschiedene Käfer und allein 14 verschiedene Blattlausarten. Der Dompfaff füttert seine frisch geschlüpften Jungen vor allem mit Löwenzahnsamen. Bevor wir den Löwenzahn wegen kritischer Kommentare ausstechen, können wir vielleicht die Nachbarschaft von seinem ökologischen Wert überzeugen.

Eine Charakterpflanze der Weiden kann problematisch werden: der Weißklee *(Trifolium repens).* Er überwächst schnell große Flächen und ist zur Blütezeit eine gute, stark beflogene Bienenweide. Erstaunlicherweise bestanden viele Samenmischungen für »englischen Rasen« noch zu Beginn des 20. Jahrhunderts aus Grassamen und Weißklee. Auch heute werden wieder Samenmischungen und Rollrasen mit Weißklee angeboten, allerdings handelt es sich dabei um eine Zwergform, den sogenannten »Mikroklee«.

Immerhin brauchen solche Rasen mit Miniklee keine Mineraldünger, weil sie von der Düngewirkung des Klees profitieren, und sie sind auch im Winter und in Trockenzeiten zuverlässig grün. Dadurch animieren sie weniger zum wasserverschwendenden Wässern im Sommer. Mit einem artenreichen Blumenkräuterrasen, der ein Vielfaches an Lebensraum und Naturerlebnis bietet, hat das natürlich nichts zu tun.

Weißklee ist eine typische Pflanze der intensiv genutzten Weiden und verträgt Schnitt außerordentlich gut. Sein feines Blattwerk wurde lange Zeit in England in Zierrasenflächen nicht als störend empfunden, im Gegensatz zu den nur unwesentlich größeren Blättern der Gänseblümchen oder den großblättrigen Arten des Wegerichs. Wie alle Schmetterlingsblütler lebt er mit Wurzelknöllchenbakterien zusammen, die Luftstickstoff binden können und damit den Boden düngen. So werden wiederum die stickstoffliebenden Gräser gefördert. Das kann ihn in Blumenkräuterrasen und Magerrasen, die ja dann besonders blütenreich sind, wenn der Boden nährstoffarm bleibt, zu einer Problempflanze machen.

Weißklee tritt besonders häufig auf, wenn die Flächen vorher landwirtschaftlich genutzt waren. Wenn wir ihn meiden wollen, sollten wir mit sterilen Vegetationstragschichten arbeiten und erste Zuwanderer herausziehen, bevor sich die oberirdischen Ausläufer der Pflanzen bewurzelt haben.

Durch Mähen wird Weißklee gefördert. Wenn wir also eine Fläche haben, wo das Jäten nicht (mehr) zu schaffen ist, dann können wir sie auch einige Jahre wie eine Wiese pflegen und den Weißklee so zurückdrängen. Ansonsten können wir auch einfach abwarten, denn großflächige Kleebestände verschwinden oft nach einiger Zeit von selbst, weil sich in ihnen der Kleekrebs gut vermehren kann. Dieser Pilz führt zum Absterben der Pflanzen.

Kahle Stellen schätzen lernen

Keine Pflanze hält es aus, wenn Wurzeln und Blätter häufig und mit großen Scherkräften gequetscht oder durch einen tüchtigen »Antritt« aus dem Boden herausgelöst werden. Im Familiengarten finden sich solche Stellen unter der Schaukel, die ja von den meisten Kindern täglich genutzt wird, vor dem Fußballtor oder dort, wo häufig gelaufen wird und Trampelpfade entstehen. Wer sich an dieser Stelle einen dauerhaft grünen Teppich wünscht oder gar vom perfekten Stadionrasen träumt, sollte bedenken: In den Stadien der Fußballbundesliga werden die Rasenflächen aufwendig gepflegt und teilweise mehrfach im Jahr ausgewechselt; insbesondere die Flächen vor dem Tor werden regelmäßig mit neuem Rollrasen belegt. Hier heißt es schlicht Abschied nehmen von der Fata Morgana des grünen Teppichs und stattdessen die Vorteile von Kahlstellen zu entdecken. Denn hier finden einige bodenbrütende Wildbienenarten den perfekten Standort für ihre Nester.

Fußballspielende oder schaukelnde Kinder stören sie zwar, es gibt aber keinen Grund, Angst vor Bienenstichen zu haben, denn Wildbienen stechen nur im äußersten Notfall, und wenn sie es tatsächlich versuchen, kommen die meisten Arten gar nicht durch unsere Haut hindurch.

An solchen Abbruchkanten auf wilden Weiden brüten viele Wildbienen

Es geht auch ohne – Alternativen zum Rasen

Wiesen und Weiden, die Vor-Bilder der Blumenwiesen und Blumenkräuterrasen in unseren Gärten, sind Elemente der offenen oder halboffenen Landschaft. Da ist es verständlich, dass die Pflanzenarten der Rasen und Wiesen lichtbedürftige Wesen sind. Schattige Flächen finden sich in der Natur unter Bäumen und Gehölzen. Hier gedeihen viele verschiedene Wildgräser und Wildstauden, die aber alle nicht schnittverträglich sind. Rasen und Wiesen brauchen Sonne oder zumindest Halbschatten, und so wird Rasen auch nicht auf der Nordseite eines Hauses gedeihen.

Es ist also besser, im Schatten auf Rasen zu verzichten. Aber was tun, wenn wir im Schlagschatten des Hauses oder unter dichten Bäumen einen weit wirkenden, ebenen und vielleicht auch noch möglichst begehbaren »Boden« für unseren Gartenraum gestalten wollen? Wir erreichen diese Funktion, die normalerweise durch Anlegen einer Rasenfläche erreicht wird, auch mit anderen Mitteln.

Alternativen zu Rasenflächen werden aber auch für die sonnigen oder halbschattigen Bereiche des Gartens interessant, wenn wir nicht mehr mähen wollen oder sich die Lebensumstände verändert haben und der Garten dann daran angepasst werden soll.

Offene Böden

Ruhige Flächen können im Garten auch durch einfache Wegeoberflächen oder Materialschüttungen entstehen. So entstehen ruhige Blickpunkte, die wie ebene »Trockenseen« wirken, zwischen höheren Staudensäumen, Wiesen und Gehölzen. In der ursprünglichen mitteleuropäischen Naturlandschaft gab es solche unbegrünten Stellen dort, wo unter Bäumen und Sträuchern das Licht und, wegen der Wurzelkonkurrenz, auch die Nährstoff- und Wasserversorgung für Kräuter nicht ausreichte, oder dort, wo in offenen Bereichen Staubbadestellen von Wildpferden und anderen Weidetieren den Boden öffneten. Auch Überschwemmungen und andere Naturereignisse brachten immer wieder Dynamik in die Landschaft und damit offene Bodenstellen. Es ist ja gerade die Dynamik der immer wiederkehrenden kleinen

← Solche Sandflächen dürfen ruhig genutzt werden, das hält sie offen. Wildbienen brüten dort, ohne sich stören zu lassen und ohne uns zu stören.

Mulchwege können ein Lebensraum für Totholz-Käfer sein, wie in diesem Privatgarten, wo Nashornkäferlarven im Mulch leben

und großen »Katastrophen«, die den hohen Artenreichtum der mitteleuropäischen Naturlandschaft begründete. In bewaldeten Bereichen gibt es daher Flächen, die nur mit Laub und anderen toten Gehölzresten bedeckt sind, und in den offenen Bereichen finden wir offene Sand- und Kiesflächen. Dass solche unbewachsenen Flächen schon seit Langem in unserer Landschaft vorkommen, sehen wir daran, wie viele Tiere, zum Beispiel Ameisenlöwen oder Wildbienen, auf offene Sand-, Kies- oder Schotterflächen angewiesen sind. Wir können Offenbodenstellen also nicht nur dort tolerieren, wo sie durch die Übernutzung von Rasenflächen entstehen, sondern auch bewusst anlegen, zum Beispiel als »Sandarium«.

Holz und Rinde

In schattigen Bereichen bieten sich Holzhäcksel oder Laubdecken als Alternativen zum Rasen an. Wenn wir diese Flächen auch zum Sitzen oder Spielen nutzen wollen, dann sollten wir sie wie einen Weg aufbauen: Eine Tragschicht aus verdichtetem Schotter, zum Beispiel in der Körnung 0/32, wird auf einem ebenen Planum mit mindestens zwei Prozent Gefälle eingebaut. Darauf werden mindestens 15 Zentimeter Holzhäcksel oder Rindenmulch aufgebracht und ebenfalls leicht verdichtet. Es gibt auch speziell verarbeitete Holzhäcksel, die aufgefasert sind und sich dann zu einer Matte verbinden, sodass Kinder auf diesen Flächen sogar mit Fahrrädchen oder Dreirädern fahren können (Bezugsquelle siehe Seite 171).

Ohne Unterbau verarbeiten die Bodenbewohner organische Auflagen zu Kompost und die Holzhäcksel werden in wenigen Jahren wieder verschwunden sein. In einigen Bereichen, zum Beispiel unter Bäumen, kann dies durchaus erwünscht sein, zumal hier auch einige Totholzbewohner ihren Lebensraum finden können. In England wurden sogar schon Hirschkäferlarven in Eichenholz-Häckselwegen gefunden, Nashornkäfer nehmen auch mit anderen Holzarten vorlieb.

Bodendecker statt Rasen

Wenn der Rasen nicht wachsen mag und wir die Fläche nicht oder kaum betreten wollen, ist es sinnvoller, eine Pflanzfläche mit Bodendeckern anzulegen. Zusammen mit einigen Biotop-Elementen wie Baumstämmen, Steinen oder einem schönen Gartenkunstwerk kann auch ohne Rasen eine weit wirkende und doch spannende Fläche gestaltet werden. Wenn ein ruhiger und flächiger Gesamteindruck erwünscht ist, sollten nur wenige Arten verwendet werden. Die Bodendecker sind dann am besten feinblättrig und vor allem wintergrün, beispielsweise das Kleine Immergrün *(Vinca minor)* oder Duftveilchen *(Viola odorata).* Solche Bodendeckerflächen im Schatten können auch mit immergrünen Waldgräsern, z. B. der Schatten-Segge *(Carex umbrosa),* oder den verschiedenen Hainsimsen wie der Wald-Hainsimse *(Luzula sylvatica)* gestaltet werden.

Wald-Hainsimse (links) und Taubnesseln (rechts) oder Kleines Immergrün sind gute Alternativen zum Rasen in schattigen Bereichen

Das Beste aus zwei Welten

Wildstaudenbeete einfach planen und biodiversitätsfördernd pflegen

Die Blütenpracht einer traditionellen Heuwiese kurz vor dem Schnitt ist überwältigend. Solche Bilder haben wir im Kopf, wenn wir uns eine Blumenwiese für den Garten wünschen. Allerdings dauert es nach dem Heumachen erst einmal wieder eine Weile, bis Gräser und Kräuter nachgewachsen sind und die ersten Blumen wieder blühen. Wäre es nicht wunderbar, wenn wir den Blütenreichtum von Frühling bis Herbst haben könnten? Im Grunde ist das die Idee eines Staudenbeetes: »Es wird durchgeblüht« ist der Titel eines der Bücher des Staudengärtners Karl Förster. Wie wir das schaffen können? Indem wir noch einmal einen Blick auf die traditionellen Weiden werfen: Auf diesen Weiden gibt es immer Blüten, nicht in der Pracht der Heuwiesen, aber vom Frühjahr bis in den Herbst. Außerdem gibt es zahlreiche biodiversitätsfördernde Strukturen: Steinhaufen, Lebensraumholz, offene Bodenstellen und oft kleine feuchte Stellen, wo das Vieh den Boden verdichtet hat.

Der dauerhafte Blühaspekt der Weiden wird durch die Beweidung erzeugt: Jeden Tag werden Pflanzen abgefressen, eingekürzt, treiben dann wieder aus und blühen nach einiger Zeit wieder, und das immer an anderen Stellen, mal hier, mal da. An Stellen, wo die Tiere nicht so gerne fressen, bleiben andererseits auch trockene Stängel stehen, einige Pflanzen werden nur sehr selten, in Notzeiten beweidet, wie Dornige Hauhechel oder Wacholder, andere, wie die Herbstzeitlose oder Gelber Enzian, nie. Diese Pflanzen sorgen dafür, dass extensive Weiden durch die verschiedenen Wuchshöhen reich strukturiert sind.

Mit diesen Vorbildern im Blick haben wir einen einfachen Weg, ein schönes Staudenbeet zu planen: Wir nehmen die schönsten Pflanzen der Wiesengesellschaft, die zu unserem Standort passen, und pflanzen sie gemeinsam in ein Beet, lassen uns bei der Pflege aber von den Weidetieren inspirieren. Wir schneiden hier und da Pflanzen kurz vor oder in der Blüte zurück, sodass sie später blühen. Dieser »Remontierschnitt« ist eine traditionelle Technik der Staudengärtnerei.

← Wiesenstaudenbeete stellen wir aus den schönsten Arten der Wiesengesellschaften zusammen und bei der Pflege orientieren wir uns an extensiven Weiden

Wir lassen auch schöne »Puppenstuben«, die sogenannten »Wintersteher«, so lange wie möglich im Beet stehen. Zusammen mit Lebensraumholz und Kleingehölzen schaffen wir so Strukturen im Beet, die ein schönes Bild ergeben.

Blumenwiesen als Gestaltungselement

Blumenwiesen sind wunderschöne und ökologisch wertvolle, blütenreiche Flächen. Wer eine Blumenwiese plant, sollte aber wissen, dass sie, ähnlich wie zum Beispiel ein Teich, einen Bereich für sich braucht. Außer zur Produktion von Heu für Kleintiere in der Familie oder in der Nachbarschaft kann sie keine Funktion erfüllen. Im Garten sind Blumenwiesen rein dekorativ, sie erfüllen ausschließlich ästhetische und ökologische Funktionen. So gerne wir uns an das Toben in Blumenwiesen in unserer Kindheit erinnern, dies darf nur gelegentlich geschehen. Es war zwar schön für uns, aber nicht gut für die Blumenwiese.

Wiesenbeete für sonnige Standorte

Da Heuwiesen nur an sonnigen Standorten gedeihen, sollten wir auch für unsere »Wiesenbeete« einen sonnigen Standort wählen. Für Beete im Schatten oder im Halbschatten können wir uns von den Pflanzengesellschaften der Säume und Wälder inspirieren lassen. Wir wollen uns hier aber auf die Sonnenplätze konzentrieren.

Als Erstes sollten wir schauen, welche Eigenschaften das Beet hat: Ist der Boden eher feucht, vielleicht sogar nass, dann wählen wir eine Feuchtwiesengesellschaft. Bei einem typischen Gartenboden, also nicht zu feucht und nicht zu trocken und gut mit Nährstoffen versorgt, wählen wir die Pflanzen der Glatthaferwiesen, bei trockenen und eher nährstoffarmen Standorten die Pflanzen der Trespenwiesen und Halbtrockenrasen. Auch Arten der Weiden wie Hauhechel, Thymian oder Kleines Habichtskraut können wir in unsere Planung mit einbeziehen. Um die Lücken zwischen den Stauden möglichst bald mit erwünschten Arten zu schließen, säen wir bei jeder Pflanzung einige Arten zusätzlich als Zwischensaat. Die hier vorgestellten Pflanzenkombinationen sind jeweils für eine Fläche von 1,5 m × 2,5 m gedacht, das sind 3,75 Quadratmeter. Die Planung kann aber leicht an die reale Beetgröße angepasst werden, indem Sie die Anzahl der Pflanzen mit dem entsprechenden Faktor multiplizieren. Wenn Ihr Beet zum Beispiel fünf Quadratmeter groß ist, multiplizieren Sie die Anzahl der vorgeschlagenen Pflanzen einfach mit dem Faktor 5 und teilen das Ergebnis durch 3,75. Ihnen gefällt eine der vorgeschlagenen Pflanzen nicht oder die Art ist nicht lieferbar? Dafür folgen nach den Beetvorschlägen Tabellen für die jeweiligen Standorte. Sie können dort einen Ersatz für die fehlende Pflanzenart finden, die Ihnen besser gefällt oder die einer nicht verfügbaren Pflanze in der Blütezeit und der Höhe entspricht. Oder Sie nutzen die Tabellen für eine eigene Planung.

Feuchtwiesenbeete

Die leuchtend gelben Sumpf-Dotterblumenwiesen brauchen einen dauerhaft feuchten bis nassen Boden. Oft wachsen die gelben Frühlingsboten auf diesen Wiesen auch nur am Rand von kleinen Bächen, die die Wiesen durchziehen, oder am Rand von Feuchtstellen. Dieses Beet eignet sich also gut für den Sumpfbereich eines Teiches. Nach den Frühlingsboten Busch-Windröschen und Märzenbecher gesellt sich zu den leuchtend gelb blühenden Sumpf-Dotterblumen die blassgelb blühende Hohe Schlüsselblume, die gerne an etwas trockeneren Stellen wächst.

Sumpf-Dotterblumen lieben feuchten Boden

Sumpf-Dotterblumenwiesenbeet (für 1,5 m × 2,5 m)

Wissenschaftlicher Name Deutscher Name	Anzahl*	Höhe Blütenfarbe	Feb.	März	April	Mai	Juni	Juli	Aug.	Sept.	Okt.	Nov.	Bemerkungen
Leucojum vernum Märzenbecher	10 Zw	10 - 30 cm weiß	✿	✿	✿	▬	▬	▬	▬	▬	▬	▬	❶
Fritillaria meleagris Schachblume	5 Zw	10 - 60 cm rosa-weiß	▬	✿	✿	✿	▬	▬	▬	▬	▬	▬	❷
Primula elatior Hohe Schlüsselblume	3 St	10 - 30 cm hellgelb	▬	✿	✿	✿	▬	▬	▬	▬	▬	▬	❸
Caltha palustris Sumpf-Dotterblume	1 St	15 - 60 cm gelb	▬	▬	✿	✿	✿	▬	▬	▬	▬	▬	❹
Cirsium rivulare Bach-Kratzdistel	3 St	30 - 120 cm purpur	▬	▬	▬	✿	✿	▬	▬	▬	▬	▬	
Lychnis flos-cuculi Kuckucks-Lichtnelke	2 g Sa	20 - 90 cm rosarot	▬	▬	▬	✿	✿	✿	▬	▬	▬	▬	wintergrün ❺
Myosotis scorpioides Sumpf-Vergissmeinnicht	5 St	15 - 80 cm hellblau	▬	▬	▬	✿	✿	✿	✿	✿	▬	▬	wintergrün ❻
Sanguisorba officinalis Großer Wiesenknopf	1 St	50 - 100 cm weinrot	▬	▬	▬	▬	✿	✿	✿	✿	▬	▬	❼
Centaurea jacea Wiesen-Flockenblume	1 St	30 - 90 cm rotviolett	▬	▬	▬	▬	✿	✿	✿	✿	✿	✿	❽
Cirsium canum Graue Kratzdistel	3 St	30 - 100 cm purpur	▬	▬	▬	▬	▬	✿	✿	▬	▬	▬	❾
Silaum silaus Wiesen-Silge	3 St	30 - 100 cm weiß	▬	▬	▬	▬	▬	✿	✿	✿	▬	▬	
Succisa pratensis Gewöhnlicher Teufelsabbiss	3 St	15 - 80 cm blauviolett	▬	▬	▬	▬	▬	✿	✿	✿	▬	▬	wintergrün ❿

* Zw = Zwiebel, St = Staude, Sa = Samen

Im Frühsommer erheben sich die purpur blühenden Köpfe der Bach-Kratzdistel über einem feinen Teppich aus rosa Kuckucks-Lichtnelken und blauem Sumpf-Vergissmeinnicht, am Ende des Sommers tanzen die Blütenbällchen des weinrot blühenden Wiesenknopfs und des blauen Teufelsabbisses über dem Beet, die einen schönen Kontrast zu den feinen, weißen Doldenblütchen der Wiesen-Silge bilden, aber auch zu den großen rotvioletten Blütenköpfen von Wiesen-Flockenblume und Grauer Kratzdistel. Besonders schön sind die grau behaarten Blütenstängel der beiden Distelarten. Alle Disteln sind bei Insekten sehr beliebt. Der Ökologe Helmut Zwölfer entdeckte in den 1980er-Jahren, dass die Blütenköpfe von Disteln kleine Mini-Ökosysteme sind. Leider hat die ausbreitungsstarke Acker-Kratzdistel, die schnell eine Fläche mit gestörtem Boden überwuchern kann, zu Unrecht alle Disteln in Verruf gebracht. Sowohl die Bach-Kratzdistel als auch die Graue Kratzdistel bilden, wie andere attraktive Distelarten, keine Ausläufer und haben viel weniger Stacheln.

1 | Märzenbecher
2 | Schachblume
3 | Hohe Schlüsselblume
4 | Sumpf-Dotterblume
5 | Kuckucks-Lichtnelke
6 | Sumpf-Vergissmeinnicht
7 | Großer Wiesenknopf
8 | Wiesen-Flockenblume
9 | Graue Kratzdistel
10 | Gewöhnlicher Teufelsabbiss

Pfeifengraswiesenbeet (für 1,5 m × 2,5 m)

Wissenschaftlicher Name Deutscher Name	Anzahl*	Höhe Blütenfarbe	Feb.	März	April	Mai	Juni	Juli	Aug.	Sept.	Okt.	Nov.	Bemerkungen
Leucojum vernum Märzenbecher	10 Zw	10 – 30 cm weiß	✿	✿	✿	▬	▬	▬	▬	▬	▬	▬	❶
Primula elatior Hohe Schlüsselblume	3 St	10 – 30 cm hellgelb	▬	✿	✿	✿	▬	▬	▬	▬	▬	▬	❸
Cardamine pratesis Wiesen-Schaumkraut	1 g Sa	10 – 60 cm lilarosa	▬	▬	✿	✿	✿	▬	▬	▬	▬	▬	⓫
Iris sibirica Wiesen-Iris	3 St	30 – 80 cm blau	▬	▬	▬	✿	✿	▬	▬	▬	▬	▬	⓬
Scorzonera humilis Niedrige Schwarzwurzel	5 St	10 – 45 cm gelb	▬	▬	▬	✿	✿	▬	▬	▬	▬	▬	⓭
Bistorta officinalis Wiesen-Knöterich	1 St	30 – 80 cm rosa	▬	▬	▬	✿	✿	✿	▬	▬	▬	▬	⓬
Lychnis flos-cuculi Kuckucks-Lichtnelke	2 St	20 – 90 cm rosarot	▬	▬	▬	✿	✿	✿	▬	▬	▬	▬	wintergrün ❻
Gladiolus palustris Sumpf-Gladiole	3 St	30 – 60 cm purpurrot	▬	▬	▬	▬	✿	✿	▬	▬	▬	▬	⓮
Dianthus superbus Pracht-Nelke	5 St	30 – 60 cm rosalila	▬	▬	▬	▬	✿	✿	✿	✿	▬	▬	⓯
Cirsium tuberosum Knollige Kratzdistel	1 St	30 – 120 cm purpur	▬	▬	▬	▬	▬	✿	✿	▬	▬	▬	⓰
Laserpitium prutenicum Preußisches Laserkraut	1 St	30 – 100 cm gelblich weiß	▬	▬	▬	▬	▬	✿	✿	▬	▬	▬	
Gentiana asclepiadea Schwalbenwurz-Enzian	3 St	15 – 60 cm blau	▬	▬	▬	▬	▬	✿	✿	✿	▬	▬	⓱

* Zw = Zwiebel, St = Staude, Sa = Samen

Auf etwas weniger sumpfigen Standorten können wir ein Beet pflanzen, das von den Pfeifengraswiesen inspiriert ist. Auch hier beginnt das Frühjahr gelb mit der Hohen Schlüsselblume und der Niedrigen Schwarzwurzel. Die Königin der Pfeifengraswiesen ist die herrliche blauviolett blühende Wiesen-Iris. Von dem Ausläufer bildenden Wiesen-Knöterich pflanzen wir nur ein Exemplar und achten darauf, dass er sich nicht zu sehr ausbreitet, damit er die wunderschöne Sumpf-Gladiole und die Pracht-Nelke nicht verdrängt. Das Jahr endet dann mit den Blüten einer weiteren besonders edlen Wildpflanze, dem Schwalbenwurz-Enzian, dessen tiefblaue Blüten einen schönen Kontrast zu den purpurnen Blütenköpfen der Knolligen Kratzdistel bilden.

1 | Märzenbecher
2 | Hohe Schlüsselblume
11 | Wiesen-Schaumkraut
12 | Wiesen-Iris und Wiesen-Knöterich
13 | Niedrige Schwarzwurzel
14 | Sumpf-Gladiole
15 | Pracht-Nelke
16 | Knollige Kratzdistel
17 | Schwalbenwurz-Enzian

Noch mehr Pflanzen für Feuchtwiesenbeete

Wissenschaftlicher Name Deutscher Name	Höhe Blütenfarbe	Feb.	März	April	Mai	Juni	Juli	Aug.	Sept.	Okt.	Nov.	Bemerkungen
Cardamine pratensis Wiesen-Schaumkraut	10 - 60 cm lilarosa			✿	✿	✿						wintergrün
Geum rivale Bach-Nelkenwurz	20 - 60 cm rotbraun			✿	✿	✿	✿					
Hieracium lactucella Geöhrtes Habichtskraut	10 - 30 cm gelb			✿	✿	✿	✿	✿				wintergrün
Euphorbia palustris Sumpf-Wolfsmilch	50 - 150 cm gelb				✿	✿						Herbstfärbung
Iris pseudacorus Wasser-Schwertlilie	80 - 100 cm gelb				✿	✿						wintergrün
Lotus maritimus Gelbe Spargelerbse	10 - 40 cm gelb				✿	✿						wintergrün
Trollius europaeus Europäische Trollblume	20 - 60 cm gelb				✿	✿						
Valeriana dioica Kleiner Baldrian	10 - 20 cm rosaweiß				✿	✿						
Carum carvi Wiesen-Kümmel	30 - 80 cm weiß				✿	✿	✿					
Geranium sylvaticum Wald-Storchschnabel	20 - 80 cm rotblauviolett				✿	✿	✿					
Lysimachia nummularia Pfennig-Gilbweiderich	10 - 50 cm gelb				✿	✿	✿					wintergrün
Primula farinosa Mehl-Primel	5 - 20 cm lilarosa				✿	✿	✿					
Ranunculus aconitifolius Eisenhut-Hahnenfuß	20 - 50 cm weiß				✿	✿	✿					
Thalictrum aquilegiifolium Akeleiblättrige Wiesenraute	40 - 120 cm helllila				✿	✿	✿					
Viola elatior Hohes Veilchen	20 - 40 cm blassblau				✿	✿	✿					
Ajuga reptans Kriech-Günsel	10 - 20 cm blau				✿	✿	✿	✿				wintergrün
Valeriana officinalis Arznei-Baldrian	50 - 100 cm rosaweiß				✿	✿	✿	✿				
Galium palustre Sumpf-Labkraut	15 - 40 cm weiß				✿	✿	✿	✿	✿			wintergrün
Centaurea montana Berg-Flockenblume	30 - 70 cm tiefblau				✿	✿	✿	✿	✿	✿		wintergrün
Chaerophyllum aureum Gold-Kälberkropf	110 cm weiß					✿	✿					

Wissenschaftlicher Name Deutscher Name	Höhe Blütenfarbe	Feb.	März	April	Mai	Juni	Juli	Aug.	Sept.	Okt.	Nov.	Bemerkungen
Comarum palustre Blutauge	20 – 60 cm dunkelpurpur					✿	✿					
Lotus pedunculatus Sumpf-Hornklee	20 – 90 cm gelb					✿	✿					
Polemonium caeruleum Blaue Himmelsleiter	30 – 80 cm himmelblau					✿	✿					
Thalictrum flavum Gelbe Wiesenraute	50 – 120 cm gelb					✿	✿					
Thalictrum lucidum Glanz-Wiesenraute	60 – 120 cm gelb					✿	✿					
Aconitum napellus Blauer Eisenhut	150 cm blauviolett					✿	✿	✿				
Astrantia major Große Sterndolde	30 – 100 cm weiß					✿	✿	✿				
Filipendula ulmaria Echtes Mädesüß	60 – 150 cm weiß					✿	✿	✿				
Lysimachia vulgaris Gewöhnlicher Gilbweiderich	40 – 150 cm gelb					✿	✿	✿				
Veronica maritima Strand-Ehrenpreis	60 – 100 cm blau					✿	✿	✿				
Cirsium oleraceum Kohl-Kratzdistel	50 – 170 cm gelb					✿	✿	✿	✿			
Geranium palustre Sumpf-Storchschnabel	30 – 80 cm rotviolett					✿	✿	✿	✿			
Stachys palustris Sumpf-Ziest	30 – 100 cm purpurrosa					✿	✿	✿	✿			
Inula salicina Weidenblättriger Alant	25 – 75 cm gelb					✿	✿	✿	✿	✿		
Betonica officinalis Heil-Ziest	20 – 60 cm purpurrosa						✿	✿				Herbstfärbung
Cirsium heterophyllum Verschiedenblättrige Kratzdistel	50 – 100 cm lila						✿	✿				
Galium boreale Nordisches Labkraut	15 – 50 cm weiß						✿	✿				
Hypericum tetrapterum Geflügeltes Johanniskraut	30 – 80 cm gelb						✿	✿				wintergrün
Lathyrus palustris Sumpf-Platterbse	30 – 100 cm blauviolett						✿	✿				
Selinum carvifolia Kümmel-Silge	30 – 100 cm weiß						✿	✿				

Fortsetzung der Tabelle siehe folgende Seite

Wissenschaftlicher Name Deutscher Name	Höhe Blütenfarbe	Feb.	März	April	Mai	Juni	Juli	Aug.	Sept.	Okt.	Nov.	Bemerkungen
Senecio aquaticus Wasser-Greiskraut	15 - 60 cm gelb						✿	✿				wintergrün
Teucrium scordium Lauch-Gamander	10 - 25 cm rosa						✿	✿				
Achillea ptarmica Sumpf-Schafgarbe	30 - 150 cm weiß						✿	✿	✿			
Allium suaveolens Duft-Lauch	20 - 50 cm rosa						✿	✿	✿			
Angelica sylvestris Wilde Engelwurz	50 - 200 cm weiß						✿	✿	✿			zweijährig
Centaurea nigra Schwarze Flockenblume	40 - 80 cm karminrot						✿	✿	✿			
Cirsium palustre Sumpf-Kratzdistel	60 - 200 cm purpurrot						✿	✿	✿			zweijährig, wintergrün
Eupatorium cannabinum Gewöhnlicher Wasserdost	50 - 175 cm rosa						✿	✿	✿			
Gentiana pneumonanthe Lungen-Enzian	15 - 60 cm blau						✿	✿	✿			
Inula britannica Wiesen-Alant	20 - 60 cm gelb						✿	✿	✿			
Lythrum salicaria Gewöhnlicher Blutweiderich	30 - 200 cm violettrot						✿	✿	✿			
Mentha pulegium Polei-Minze	10 - 50 cm lilarosa						✿	✿	✿			wintergrün
Mentha suaveolens Rundblättrige Minze	80 cm lilarosa						✿	✿	✿			
Oenanthe lachenalii Wiesen-Pferdesaat	30 - 80 cm weiß						✿	✿	✿			
Pulicaria dysenterica Großes Flohkraut	20 - 60 cm gelb						✿	✿	✿			
Scutellaria minor Kleines Helmkraut	10 - 20 cm rosa						✿	✿	✿			
Senecio ovatus Fuchssches Greiskraut	80 - 140 cm gelb						✿	✿	✿			
Serratula tinctoria Färber-Scharte	30 - 100 cm rotviolett						✿	✿	✿			
Centaurea pseudophrygia Perücken-Flockenblume	30 - 100 cm rotviolett							✿	✿			
Selinum dubium Brenndolden-Silge	30 - 90 cm weiß							✿	✿			

Wiesenbeete für normalem Gartenboden

Jahrelange Bewirtschaftung hat in den meisten Gärten dafür gesorgt, dass der Boden gut durchlüftet und mit einer Menge Nährstoffen versorgt ist. Hier wachsen alle Pflanzen gut, besonders die Arten, die an gestörte nährstoffreiche Böden angepasst sind – das sind dann in der Regel eher unerwünschte Beikräuter. Uns fehlt für viele heimische Wildpflanzen also eine deutliche Standorteigenschaft als Pflegehelfer. Aber selbst auf »guten Böden« gab es früher recht artenreiche Heuwiesen, die erst durch stärkere Düngung und häufigere Mahd artenärmer wurden. Trotzdem hilft Abmagern mit Sand oder Schotter natürlich, wenn wir die Flächen artenreich erhalten wollen. Wir können zum Beispiel Sand oder Schotter zehn Zentimeter stark auf der Fläche aufbringen und oberflächlich einarbeiten. Das schafft zwar keinen wirklich nährstoffarmen Standort, fördert aber doch die blühenden Kräuter. Dieses leichte Abmagern ist aber keine Voraussetzung für das Gelingen unseres Wiesenbeetes, denn wir können natürlich auf den Pflegehelfer auch verzichten und selber pflegen, also jäten. Im Wiesenbeet ist das möglich, auf einer eingesäten Wiese nicht.

Solche spätsommerlichen Farbklänge können wir mit Wiesenbeeten in den Garten holen

Gute Heuwiesen unterscheiden sich sehr, je nachdem ob sie in tieferen Lagen oder im Bergland wachsen. Vor allem der in Bergwiesen dominante Wald-Storchschnabel kommt nur sehr selten im Tiefland vor. Dasselbe gilt für Bärwurz, die violett blühende Schwarze Teufelskralle und die Perücken-Flockenblume. Diese Arten lieben kühlere Lagen, was wir im Flachland teilweise dadurch ausgleichen könnten, dass wir für eine gute Wasserversorgung der Beete sorgen. Aber auch die von den Pflanzen abhängigen Tierarten sind natürlich an das Kleinklima der Mittelgebirge angepasst. Insofern ist es im Hinblick auf die Förderung der biologischen Vielfalt schon empfehlenswert, ein Bergwiesenbeet eher im Mittelgebirge und ein Flachlandwiesenbeet eher in tieferen Lagen anzulegen.

Bergwiesenbeet (für 1,5 m × 2,5 m)

Wissenschaftlicher Name Deutscher Name	Anzahl*	Höhe Blütenfarbe	Feb.	März	April	Mai	Juni	Juli	Aug.	Sept.	Okt.	Bemerkungen
Narcissus pseudonarcissus Gelbe Narzisse	10 Zw	15 - 30 cm gelb		✿	✿							❶
Primula elatior Hohe Schlüsselblume	3 St	10 - 30 cm hellgelb		✿	✿	✿						❷
Muscari botryoides Kleine Traubenhyazinthe	30 Zw	10 - 20 cm blau			✿	✿						❸
Narcissus radiiflorus Stern-Narzisse	20 Zw	30 - 50 cm weiß-gelb			✿	✿						
Lathyrus linifolius Berg-Platterbse	5 St	15 - 30 cm purpur			✿	✿	✿					wintergrün
Viola tricolor Wildes Stiefmütterchen	3 St	10 - 40 cm gelb-blau			✿	✿	✿	✿	✿	✿		ein- bis zweijährig, wintergrün ❹
Meum athamanticum Bärwurz	3 St	20 - 60 cm weißrosa				✿	✿					❺
Geranium sylvaticum Wald-Storchschnabel	3 St	20 - 80 cm rotblauviolett				✿	✿	✿				❻
Phyteuma nigrum Schwarze Teufelskralle	5 St	20 - 60 cm schwarzviolett				✿	✿	✿				wintergrün ❼
Cirsium heterophyllum Verschiedenblättrige Kratzdistel	1 St	50 - 100 cm lila						✿	✿			❽
Cichorium intybus Gewöhnliche Wegwarte	1 St	30 - 120 cm blau						✿	✿	✿	✿	❾
Centaurea pseudophrygia Perücken-Flockenblume	3 St	30 - 100 cm rotviolett							✿	✿		

* Zw = Zwiebel, St = Staude

Unser Bergwiesenbeet startet mit der gelb-weißen Narzissenblüte ins Jahr, die begleitet wird von hellgelben Hohen Schlüsselblumen und violetter Berg-Platterbse. Im Frühsommer leuchtet dann der charakteristische Wald-Storchschnabel zusammen mit den weißen Dolden der Bärwurz mit ihrem feinen aromatischen Laub. Das Jahr endet dann violettrot und blau mit Perücken-Flockenblume, Verschiedenblättriger Kratzdistel und Wegwarte.

1 | Gelbe Narzisse
2 | Hohe Schlüsselblume
3 | Kleine Traubenhyazinthe
4 | Wildes Stiefmütterchen
5 | Bärwurz
6 | Wald-Storchschnabel
7 | Schwarze Teufelskralle
8 | Verschiedenblättrige Kratzdistel
9 | Gewöhnliche Wegwarte

Flachlandwiesenbeet, mäßig trocken und kalkhaltig

Wissenschaftlicher Name Deutscher Name	Anzahl*	Höhe Blütenfarbe	Feb.	März	April	Mai	Juni	Juli	Aug.	Sept.	Okt.	Nov.	Bemerkungen
Narcissus pseudonarcissus Gelbe Narzisse	20 Zw	15 - 30 cm gelb	■	✿	✿	■	■	■	■	■	■	■	❶
Muscari botryoides Kleine Traubenhyazinthe	30 Zw	10 - 20 cm blau	■	■	✿	✿	■	■	■	■	■	■	❸
Primula veris Echte Schlüsselblume	3 St	10 - 30 cm dunkelgelb	■	■	✿	✿	✿	■	■	■	■	■	❿
Campanula patula Wiesen-Glockenblume	1 g Sa	20 - 50 cm blau	■	■	■	✿	✿	✿	■	■	■	■	zweijährig, wintergrün ⓫
Ranunculus bulbosus Knolliger Hahnenfuß	5 St	15 - 40 cm gelb	■	■	■	✿	✿	✿	■	■	■	■	⓬
Salvia pratensis Wiesen-Salbei	3 St	30 - 50 cm blauviolett	■	■	■	✿	✿	✿	✿	■	■	■	⓭
Geranium pratense Wiesen-Storchschnabel	3 St	20 - 80 cm blauviolett	■	■	■	■	✿	✿	✿	■	■	■	Herbstfärbung ⓮
Peucedanum carvifolia Kümmelblatt-Haarstrang	1 St	30 - 100 cm weißgrün	■	■	■	■	✿	✿	✿	■	■	■	
Daucus carota Wilde Möhre	1 St	20 - 100 cm weiß	■	■	■	■	✿	✿	✿	✿	■	■	zweijährig, wintergrün ⓯
Leucanthemum ircutianum Wiesen-Margerite	5 St	10 - 100 cm weiß	■	■	■	■	✿	✿	✿	✿	✿	■	wintergrün ⓰
Malva moschata Moschus-Malve	5 St	20 - 80 cm rosa	■	■	■	■	✿	✿	✿	✿	✿	■	wintergrün ⓱
Centaurea jacea Wiesen-Flockenblume	1 St	30 - 90 cm rotviolett	■	■	■	■	✿	✿	✿	✿	✿	✿	⓲

* Zw = Zwiebel, St = Staude, Sa = Saatgut

Im Flachland ist das Klima wärmer und der Boden – wenn möglich – trockener. Hier beginnen wir mit der Echten Schlüsselblume und dem leuchtend gelben Knolligen Hahnenfuß. Diese niedrige »Butterblume« ist auf den ersten Blick dem Kriechenden Hahnenfuß sehr ähnlich, bildet aber keine Ausläufer und wird deshalb nie lästig. Die Wiesen-Glockenblume und der Wiesen-Salbei bringen bald blaue Aspekte dazu. Der Wiesen-Storchschnabel blüht ebenfalls blau-violett, zusammen mit den fröhlichen Blüten der Wiesen-Margerite und den weißen Dolden des Kümmelblatt-Haarstrangs entsteht ein schönes Bild. Später im Jahr leuchten dann die rosa Blüten von Moschus-Malve und Wiesen-Flockenblume.

10 | Echte Schlüsselblume
11 | Wiesen-Glockenblume
12 | Knolliger Hahnenfuß
13 | Wiesen-Salbei
14 | Wiesen-Storchschnabel
15 | Wilde Möhre
16 | Wiesen-Margerite
17 | Moschus-Malve
18 | Wiesen-Flockenblume

Noch mehr Pflanzen für Wiesenbeete auf normalem Gartenboden

Wissenschaftlicher Name Deutscher Name	Höhe Blütenfarbe	Jan.	Feb.	März	April	Mai	Juni	Juli	Aug.	Sept.	Okt.	Nov.	Dez.	Bemerkungen
Bellis perennis Ausdauerndes Gänseblümchen	5 - 15 cm weiß	✿	✿	✿	✿	✿	✿	✿	✿	✿	✿	✿	▬	wintergrün
Ficaria verna Scharbockskraut	5 - 30 cm goldgelb	▬	▬	✿	✿	✿	▬	▬	▬	▬	▬	▬	▬	
Silene dioica Rote Lichtnelke	30 - 90 cm rot	▬	▬	▬	✿	✿	✿	✿	✿	✿	▬	▬	▬	wintergrün
Saxifraga granulata Körnchen-Steinbrech	20 - 50 cm weiß	▬	▬	▬	▬	✿	✿	▬	▬	▬	▬	▬	▬	
Carum carvi Wiesen-Kümmel	30 - 80 cm weiß	▬	▬	▬	▬	✿	✿	✿	▬	▬	▬	▬	▬	
Phyteuma spicatum Ährige Teufelskralle	30 - 80 cm grün-weiß	▬	▬	▬	▬	✿	✿	✿	▬	▬	▬	▬	▬	wintergrün
Stellaria graminea Gras-Sternmiere	10 - 50 cm weiß	▬	▬	▬	▬	✿	✿	✿	▬	▬	▬	▬	▬	
Tragopogon pratensis Wiesen-Bocksbart	30 - 70 cm gelb	▬	▬	▬	▬	✿	✿	✿	▬	▬	▬	▬	▬	zweijährig
Veronica chamaedrys Gamander-Ehrenpreis	10 - 30 cm blau	▬	▬	▬	▬	✿	✿	✿	▬	▬	▬	▬	▬	wintergrün
Anthriscus sylvestris Wiesen-Kerbel	60 - 150 cm weiß	▬	▬	▬	▬	✿	✿	✿	✿	▬	▬	▬	▬	
Crepis biennis Wiesen-Pippau	30 - 120 cm gelb	▬	▬	▬	▬	✿	✿	✿	✿	▬	▬	▬	▬	zweijährig, wintergrün
Rhinanthus alectorolophus Zottiger Klappertopf	20 - 50 cm gelb	▬	▬	▬	▬	✿	✿	✿	✿	▬	▬	▬	▬	einjährig, Samen
Rhinanthus minor Kleiner Klappertopf	10 - 30 cm gelb	▬	▬	▬	▬	✿	✿	✿	✿	✿	▬	▬	▬	einjährig, Samen
Alchemilla vulgaris Gewöhnlicher Frauenmantel	5 - 80 cm gelbgrün	▬	▬	▬	▬	✿	✿	✿	✿	✿	✿	▬	▬	
Lilium bulbiferum Feuer-Lilie	20 - 80 cm orange	▬	▬	▬	▬	▬	✿	✿	▬	▬	▬	▬	▬	
Astrantia major Große Sterndolde	30 - 100 cm weiß	▬	▬	▬	▬	▬	✿	✿	✿	▬	▬	▬	▬	
Knautia arvensis Wiesen-Witwenblume	30 - 80 cm lila	▬	▬	▬	▬	▬	✿	✿	✿	▬	▬	▬	▬	
Lathyrus pratensis Wiesen-Platterbse	30 - 60 cm gelb	▬	▬	▬	▬	▬	✿	✿	✿	▬	▬	▬	▬	
Lotus corniculatus Gewöhnlicher Hornklee	10 - 50 cm gelb	▬	▬	▬	▬	▬	✿	✿	✿	▬	▬	▬	▬	
Veratrum album Weißer Germer	50 - 150 cm weiß	▬	▬	▬	▬	▬	✿	✿	✿	▬	▬	▬	▬	

Wissenschaftlicher Name Deutscher Name	Höhe Blütenfarbe	Jan.	Feb.	März	April	Mai	Juni	Juli	Aug.	Sept.	Okt.	Nov.	Dez.	Bemerkungen
Galium verum Echtes Labkraut	20 - 70 cm gelb						✿	✿	✿	✿				
Hypochaeris radicata Gewöhnliches Ferkelkraut	20 - 100 cm gelb						✿	✿	✿	✿				wintergrün
Phyteuma orbiculare Kugel-Teufelskralle	10 - 50 cm blauviolett						✿	✿	✿	✿				
Pimpinella major Große Pimpinelle	40 - 90 cm weiß						✿	✿	✿	✿				
Prunella vulgaris Gewöhnliche Braunelle	5 - 30 cm blauviolett						✿	✿	✿	✿				wintergrün
Campanula rotundifolia Rundblättrige Glockenblume	10 - 30 cm blauviolett						✿	✿	✿	✿	✿			wintergrün
Galeopsis tetrahit Stechender Hohlzahn	10 - 30 cm rosa (unscheinbar)						✿	✿	✿	✿	✿			einjährig
Leontodon hispidus Steifhaariger Löwenzahn	30 - 60 cm gelb(orange)						✿	✿	✿	✿	✿			
Betonica officinalis Heil-Ziest	20 - 60 cm purpurrosa							✿	✿					Herbstfärbung
Hypericum maculatum Geflecktes Johanniskraut	20 - 70 cm gelb							✿	✿					wintergrün
Centaurea nigra Schwarze Flockenblume	40 - 80 cm karminrot							✿	✿	✿				
Leontodon autumnalis Herbst-Schuppenlöwenzahn	10 - 50 cm gelb							✿	✿	✿				wintergrün
Pastinaca sativa Gewöhnlicher Pastinak	30 - 120 cm gelb							✿	✿	✿				zweijährig
Picris hieracioides Gewöhnliches Bitterkraut	30 - 90 cm gelb							✿	✿	✿	✿			
Solidago virgaurea ssp. minuta Gebirgs-Goldrute	10 - 30 cm gelb							✿	✿	✿	✿			wintergrün

Trockene, nährstoffarme Standorte rund ums Haus blühen mit den Arten der Magerwiesen und Magerrasen auf

Magerwiesenbeete

Nährstoffarme Wiesen und Weiden können sehr unterschiedlich aussehen, je nachdem ob sie auf einem kalkfreien oder kalkreichen Sandboden oder auf kalkhaltigem oder kalkfreiem Schotter wachsen. Viele magere Standorte sind trocken, es gibt aber auch recht feuchte nährstoffarme Böden, vor allem in den Gebirgen. Im Garten finden wir selten einen nährstoffarmen Sand oder Schotter vor. In einigen Landschaften, zum Beispiel in der Münchner Schotterebene, in der »Sandbüchse« Brandenburgs oder den norddeutschen Geestgebieten, hilft es manchmal, den nährstoffreichen Oberboden einfach abzuschieben und in den Bereichen des Gartens zu konzentrieren, in denen Obst und Gemüse angebaut werden sollen. Der freigelegte Unterboden ist dann eine gute Grundlage für ein Magerwiesenbeet. Wo es keinen nährstoffarmen Unterboden gibt, bringen wir Kies oder Schotter auf.

Pflanzen und ihre Tiere

Wiesen-Flockenblume & Große Distelblattlaus

Im Hochsommer erscheinen mit den Blüten der Wiesen-Flockenblume *(Centaurea jacea)* adrette rotviolette und bis zu 80 Zentimeter hohe »Blumensträuße« in Blumenwiesen und Säumen.

Flockenblumen sind typische Falter- und Hummelblumen. So wurden an Wiesen-Flockenblumen die Falter von 52 verschiedenen Schmetterlingsarten beobachtet. In Naturschutzgebieten sind auf den Blüten seltene Arten wie verschiedene Perlmutterfalter und Grünwidderchen zu beobachten. Die ebenfalls zu einer Röhre verwachsenen Staubblätter der Blütchen ragen oben aus den Blütenröhren heraus, erst später erscheint dann die Narbe. Der Pollen ist also gut für Wildbienen zugänglich. Hier können wir zum Beispiel die noch recht häufige Gewöhnliche Sandbiene *(Andrena flavipes)* finden. Paul Westrich beobachtete insgesamt 39 verschiedene Wildbienenarten beim Pollensammeln auf Wiesen-Flockenblumen.

Wiesen-Flockenblume

Später im Jahr sind die nahrhaften Samen bei Vögeln beliebt, auch Distelfink und Grünfink haben sie zum Fressen gerne.

Aber nicht nur Vögel, Falter und Wildbienen besuchen die Flockenblumen. Blüten, Samen, Blätter, Stiele und Wurzeln bieten Futter für sage und schreibe 99 Insektenarten. Allein 22 verschiedene Insektenarten wurden in Europa fast nur in den Blüten der Wiesen-Flockenblume gefunden, dazu gehören zum Beispiel die beiden Bohrfliegenarten *Chaetorellia jaceae* und *Urophora jaceana* und die Große Distelblattlaus *(Uroleucon jaceae)*. Gerade Blattläuse sind oft auf nur wenige Pflanzenarten spezialisiert. Sie vermehren sich ungeheuer schnell, oft sind die Neugeborenen schon schwanger – das ist möglich, weil sie sich vermehren können, ohne dass ein Männchen dafür nötig ist.

Große Distelblattlaus

Bei diesen vielen Tierarten, die sich von Wiesen-Flockenblumen ernähren, stellt sich die Frage, warum es überhaupt noch Wiesen-Flockenblumen gibt. Die Antwort: Weil diese Tiere selbst Futter sind für Pilze, Insekten oder Vögel, die ihre frisch geschlüpften Küken zum Beispiel oft mit Blattläusen versorgen.

Magerwiesenbeet, kalkreich (für 1,5 m × 2,5 m)

Wissenschaftlicher Name Deutscher Name	Anzahl*	Höhe Blütenfarbe	Feb.	März	April	Mai	Juni	Juli	Aug.	Sept.	Okt.	Nov.	Bemerkungen
Alyssum montanum Berg-Steinkraut	3 St	10 - 25 cm gelb		✿	✿	✿							wintergrün ❶
Muscari neglectum Weinbergs-Träubel	20 Zw	20 - 25 cm blau-weiß			✿	✿							wintergrün ❷
Pulsatilla vulgaris Gewöhnliche Küchenschelle	3 St	10 - 20 cm violett			✿	✿							❸
Globularia bisnagarica Gewöhnliche Kugelblume	5 St	5 - 25 cm blauviolett				✿	✿						wintergrün ❹
Thymus praecox Frühblühender Thymian	5 St	2 - 10 cm rosa				✿	✿	✿					wintergrün ❺
Allium sphaerocephalon Kugelköpfiger Lauch	20 Zw	30 - 50 cm purpur					✿	✿					wintergrün ❻
Euphorbia seguieriana Steppen-Wolfsmilch	1 St	15 - 60 cm gelb					✿	✿	✿				❼
Galium verum Echtes Labkraut	3 St	20 - 70 cm gelb					✿	✿	✿	✿			❽
Campanula rotundifolia Rundblättrige Glockenblume	2 g Sa	10 - 30 cm blauviolett					✿	✿	✿	✿	✿		wintergrün ❾
Centaurea scabiosa Skabiosen-Flockenblume	1 St	30 - 120 cm rotviolett						✿	✿				❿
Galatella linosyris Gold-Aster	3 St	10 - 50 cm gelb							✿	✿			⓫

* Zw = Zwiebel, St = Staude, Sa = Saatgut

Als Erstes gibt es hier einen Vorschlag für ein Beet auf einem kalkhaltigen Schotter oder Kies. Im Frühjahr leuchten dort die gelben Polster des Berg-Steinkrauts zusammen mit der violetten Küchenschelle. Als blaue Aspekte können wir Weinbergs-Träubel stecken und Kugelblumen pflanzen. Bald schweben dann die purpurroten Blütenbälle des Kugelköpfigen Lauchs über dem Beet und die Polster des Berg-Steinkrauts werden von duftendem, tiefrosa blühendem Frühen Thymian abgelöst. Im Sommer zieht dann die beeindruckende Gestalt der Steppen-Wolfsmilch die Blicke auf sich, die von gelben Wolken der Blüten des Echten Labkrauts begleitet wird. Später dominiert die Skabiosen-Flockenblume, deren abgestorbene Blütenstängel auch noch im Winter ein echter Hingucker sind. Das Jahr schließt mit den feinen Blüten der Gold-Aster ab, zwischen denen noch immer die zarten Blüten der als Zwischensaat eingebrachten Rundblättrigen Glockenblume hervorspitzen.

1 | Berg-Steinkraut
2 | Weinbergs-Träubel
3 | Küchenschelle
4 | Kugelblume
5 | Frühblühender Thymian
6 | Kugelköpfiger Lauch
7 | Steppen-Wolfsmilch
8 | Echtes Labkraut
9 | Rundblättrige Glockenblume
10 | Skabiosen-Flockenblume
11 | Gold-Aster

Magerwiesenbeet, kalkarm (für 1,5 m × 2,5 m)

Wissenschaftlicher Name Deutscher Name	Anzahl*	Höhe Blütenfarbe	Feb.	März	April	Mai	Juni	Juli	Aug.	Sept.	Okt.	Nov.	Bemerkungen
Potentilla incana Sand-Fingerkraut	1 St	5 - 15 cm gelb		✿	✿	✿							wintergrün ⓬
Muscari neglectum Weinbergs-Träubel	20 Zw	20 - 25 cm blau-weiß			✿	✿							wintergrün ❷
Viola canina Hunds-Veilchen	3 St	5 - 20 cm blau				✿	✿						wintergrün ⓭
Viscaria vulgaris Pech-Nelke	5 St	20 - 90 cm dunkelrosa				✿	✿	✿					⓮
Campanula rapunculus Rapunzel-Glockenblume	2 g Sa	30 - 80 cm blaulila					✿	✿	✿				zweijährig ⓯
Jasione montana Berg-Sandglöckchen	3 g Sa	20 - 60 cm blau					✿	✿	✿				zweijährig, wintergrün ⓰
Knautia arvensis Wiesen-Witwenblume	5 St	30 - 80 cm lila					✿	✿	✿				⓱
Thymus serpyllum Sand-Thymian	3 St	5 - 10 cm rosapurpur					✿	✿	✿				wintergrün
Allium lusitanicum Berg-Lauch	5 St	10 - 40 cm lila						✿	✿				⓲
Helichrysum arenarium Sand-Strohblume	5 St	10 - 50 cm gelb						✿	✿				⓳
Carlina vulgaris Gewöhnliche Gold-Distel	3 St	16 - 60 cm strohgelb						✿	✿	✿			wintergrün ⓴

* Zw = Zwiebel, St = Staude, Sa = Saatgut

Wenn der Garten in einer Landschaft liegt, wo das Gestein oder der Sand keinen Kalk enthält, dann gibt es andere, aber nicht minder schöne Möglichkeiten. Hier kann das Jahr mit gelbem Sand-Fingerkraut und blauem Hunds-Veilchen beginnen, über denen im Frühsommer die Pech-Nelken tiefrosa leuchten. Rapunzel-Glockenblume und Berg-Sandglöckchen werden gesät und tupfen das Beet im Sommer hellblau. Im Sommer schweben die violettblauen Blüten der Wiesen-Witwenblume über den rosapurpur Polstern des Sand-Thymians und werden zum Ende der Vegetationsperiode von den leuchtend gelben Sand-Strohblumen und den gelben Gold-Disteln abgelöst, zwischen denen die Bälle des Berg-Lauchs lila leuchten. Gold-Disteln sind wunderbare Winterblumen. Ihre abgeblühten Blütenstände sind beinahe dekorativer als die Blüten selbst und bleiben im Winter noch lange aufrecht stehen. Wir sollten sie, so lange sie uns gefallen, als Lebensraum im Beet belassen.

12 | Sand-Fingerkraut
13 | Hunds-Veilchen
14 | Pech-Nelke
15 | Rapunzel-Glockenblume
16 | Berg-Sandglöckchen
17 | Wiesen-Witwenblume
18 | Berg-Lauch
19 | Sand-Strohblume
20 | Gold-Distel

Noch mehr Pflanzen für magere Standorte

Wissenschaftlicher Name Deutscher Name	Höhe Blütenfarbe	Jan.	Feb.	März	April	Mai	Juni	Juli	Aug.	Sept.	Okt.	Nov.	Dez.	Bemerkungen
Adonis vernalis Frühlings-Adonisröschen	10 - 40 cm gelb				✿	✿								
Euphorbia cyparissias Zypressen-Wolfsmilch	15 - 50 cm gelbgrün				✿	✿								
Viola hirta Behaartes Veilchen	5 - 10 cm violettblau				✿	✿								
Ajuga genevensis Heide-Günsel	10 - 30 cm blau				✿	✿	✿							
Polygala chamaebuxus Buchsblättriges Kreuzblümchen	10 - 20 cm gelb rot				✿	✿	✿							wintergrün
Potentilla verna Frühlings-Fingerkraut	5 - 15 cm gelb				✿	✿	✿							wintergrün
Primula veris Echte Schlüsselblume	10 - 30 cm dunkelgelb				✿	✿	✿							
Cerastium arvense Acker-Hornkraut	10 - 25 cm weiß				✿	✿	✿	✿						wintergrün
Veronica prostrata Liegender Ehrenpreis	10 - 20 cm blau				✿	✿	✿	✿						wintergrün
Dianthus gratianopolitanus Pfingst-Nelke	10 - 20 cm rosa					✿	✿							wintergrün
Euphorbia verrucosa Warzen-Wolfsmilch	30 - 50 cm grüngelb					✿	✿							
Iris germanica Deutsche Schwertlilie	30 - 80 cm blauweißviolett					✿	✿							
Lactuca perennis Blauer Lattich	20 - 60 cm blaulila					✿	✿							
Galium glaucum Blaugrünes Labkraut	30 - 60 cm weiß					✿	✿	✿						wintergrün
Helianthemum apenninum Apenninen-Sonnenröschen	10 - 30 cm gelb					✿	✿	✿						wintergrün
Hippocrepis comosa Hufeisenklee	8 - 25 cm gelb					✿	✿	✿						wintergrün
Linum austriacum Österreichischer Lein	20 - 60 cm blau					✿	✿	✿						
Onobrychis viciifolia Saat-Esparsette	30 - 70 cm rosa					✿	✿	✿						
Ononis natrix Gelbe Hauhechel	15 - 60 cm gelb					✿	✿	✿						
Verbascum phoeniceum Purpur-Königskerze	30 - 70 cm rotviolett					✿	✿	✿						

Wissenschaftlicher Name Deutscher Name	Höhe Blütenfarbe	Jan.	Feb.	März	April	Mai	Juni	Juli	Aug.	Sept.	Okt.	Nov.	Dez.	Bemerkungen
Veronica teucrium Großer Ehrenpreis	30 – 100 cm lichtblau					✿	✿	✿						
Anthyllis vulneraria Gewöhnlicher Wundklee	5 – 50 cm gelb					✿	✿	✿	✿					wintergrün
Hypochaeris maculata Geflecktes Ferkelkraut	20 – 100 cm gelb					✿	✿	✿	✿					
Linum perenne Ausdauernder Lein	30 – 80 cm himmelblau					✿	✿	✿	✿					
Potentilla erecta Blutwurz	10 – 30 cm gelb					✿	✿	✿	✿					wintergrün
Salvia pratensis Wiesen-Salbei	30 – 50 cm blauviolett					✿	✿	✿	✿					
Silene nutans Nickendes Leimkraut	20 – 50 cm weiß					✿	✿	✿	✿					
Thalictrum minus Kleine Wiesenraute	50 – 120 cm grüngelb					✿	✿	✿	✿					
Silene vulgaris Gewöhnliches Leimkraut	15 – 60 cm weiß					✿	✿	✿	✿	✿				wintergrün
Hieracium pilosella Kleines Habichtskraut	10 – 30 cm gelb					✿	✿	✿	✿	✿	✿			wintergrün
Allium carinatum Gekielter Lauch	20 – 60 cm rosa						✿	✿						wintergrün
Erysimum odoratum Duft-Schöterich	20 – 80 cm gelb						✿	✿						ein- bis zweijährig, wintergrün
Filipendula vulgaris Kleines Mädesüß	30 – 80 cm weiß						✿	✿						wintergrün
Linum flavum Gelber Lein	20 – 50 cm gelb						✿	✿						
Onobrychis arenaria Sand-Esparsette	10 – 30 cm rosa						✿	✿						
Ononis repens Kriechende Hauhechel	20 – 60 cm rosa						✿	✿						
Ononis spinosa Dornige Hauhechel	30 – 60 cm rosarot						✿	✿						
Allium flavum Gelber Lauch	10 – 40 cm gelbgrün						✿	✿	✿					
Anthericum ramosum Ästige Graslilie	30 – 70 cm weiß						✿	✿	✿					
Hieracium aurantiacum Orangerotes Habichtskraut	10 – 30 cm orange						✿	✿	✿					wintergrün

Fortsetzung der Tabelle siehe folgende Seite

Wissenschaftlicher Name Deutscher Name	Höhe Blütenfarbe	Jan.	Feb.	März	April	Mai	Juni	Juli	Aug.	Sept.	Okt.	Nov.	Dez.	Bemerkungen
Lotus corniculatus Gewöhnlicher Hornklee	10 – 50 cm gelb						✿	✿	✿					
Prunella grandiflora Großblütige Braunelle	10 – 30 cm violett						✿	✿	✿					
Prunella laciniata Weiße Braunelle	5 – 30 cm gelbweiß						✿	✿	✿					wintergrün
Sedum acre Scharfer Mauerpfeffer	5 – 15 cm gelb						✿	✿	✿					wintergrün
Veronica spicata Ähren-Ehrenpreis	15 – 30 cm blau						✿	✿	✿					wintergrün
Acinos arvensis Gewöhnlicher Steinquendel	10 – 30 cm lila						✿	✿	✿	✿				wintergrün
Asperula cynanchica Hügel-Meier	10 – 25 cm rosa						✿	✿	✿	✿				
Buphthalmum salicifolium Weidenblättriges Ochsenauge	30 – 70 cm gelb						✿	✿	✿	✿				
Campanula glomerata Knäuel-Glockenblume	20 – 60 cm blau						✿	✿	✿	✿				wintergrün
Campanula rapunculoides Acker-Glockenblume	30 – 80 cm blauviolett						✿	✿	✿	✿				
Dianthus carthusianorum Kartäuser-Nelke	15 – 60 cm purpurrot						✿	✿	✿	✿				
Gypsophila fastigiata Ebensträußiges Gipskraut	15 – 60 cm weiß						✿	✿	✿	✿				
Petrorhagia saxifraga Steinbrech-Felsennelke	10 – 30 cm rosaweiß						✿	✿	✿	✿				wintergrün
Sedum album Weiße Fetthenne	8 – 20 cm weiß						✿	✿	✿	✿				wintergrün
Achillea nobilis Edel-Schafgarbe	20 – 60 cm cremeweiß						✿	✿	✿	✿	✿			
Fumana procumbens Gewöhnliches Nadelröschen	5 – 10 cm gelb						✿	✿	✿	✿	✿			wintergrün
Helianthemum nummularium Gewöhnliches Sonnenröschen	10 – 20 cm gelb						✿	✿	✿	✿	✿			wintergrün
Leontodon hispidus Steifhaariger Löwenzahn	30 – 60 cm gelb(orange)						✿	✿	✿	✿	✿			
Leucanthemum vulgare Wiesen-Margerite	10 – 100 cm weiß						✿	✿	✿	✿	✿			wintergrün
Potentilla argentea Silber-Fingerkraut	20 – 30 cm gelb						✿	✿	✿	✿	✿			wintergrün

Wissenschaftlicher Name Deutscher Name	Höhe Blütenfarbe	Jan.	Feb.	März	April	Mai	Juni	Juli	Aug.	Sept.	Okt.	Nov.	Dez.	Bemerkungen
Stachys recta Aufrechter Ziest	20 – 40 cm weißgelb	■	■	■	■	■	✿	✿	✿	✿	✿	■	■	
Thymus pulegioides Arznei-Thymian	5 – 25 cm rosapurpur	■	■	■	■	■	✿	✿	✿	✿	✿	■	■	wintergrün
Armeria maritima ssp elongata Sand-Grasnelke	20 – 50 cm rosa	■	■	■	■	■	✿	✿	✿	✿	✿	✿	■	wintergrün
Centaurea jacea Wiesen-Flockenblume	30 – 90 cm rotviolett	■	■	■	■	■	✿	✿	✿	✿	✿	✿	■	
Dorycnium germanicum Deutscher Backenklee	15 – 30 cm weiß-violett	■	■	■	■	■	■	✿	■	■	■	■	■	wintergrün
Betonica officinalis Heil-Ziest	20 – 60 cm purpurrosa	■	■	■	■	■	■	✿	✿	■	■	■	■	Herbstfärbung
Hypericum perforatum Tüpfel-Johanniskraut	15 – 80 cm gelb	■	■	■	■	■	■	✿	✿	■	■	■	■	
Peucedanum oreoselinum Berg-Haarstrang	30 – 100 cm weiß	■	■	■	■	■	■	✿	✿	■	■	■	■	
Teucrium chamaedrys Edel-Gamander	15 – 25 cm hellviolett	■	■	■	■	■	■	✿	✿	■	■	■	■	wintergrün
Carlina acaulis Silber-Distel	1 – 15 cm silberweiß	■	■	■	■	■	■	✿	✿	✿	■	■	■	
Centaurea stoebe Gefleckte Flockenblume	30 – 120 cm purpur	■	■	■	■	■	■	✿	✿	✿	■	■	■	wintergrün
Cirsium acaulon Stängellose Kratzdistel	5 – 25 cm purpurrot	■	■	■	■	■	■	✿	✿	✿	■	■	■	
Eryngium campestre Feld-Mannstreu	20 – 80 cm grünlich	■	■	■	■	■	■	✿	✿	✿	■	■	■	
Pimpinella saxifraga Kleine Pimpinelle	10 – 60 cm weißrosa	■	■	■	■	■	■	✿	✿	✿	■	■	■	
Sempervivum arachnoideum Spinnweben-Hauswurz	5 – 15 cm karminrot	■	■	■	■	■	■	✿	✿	✿	■	■	■	wintergrün
Sempervivum tectorum Dach-Hauswurz	10 – 60 cm rosarot	■	■	■	■	■	■	✿	✿	✿	■	■	■	wintergrün
Teucrium montanum Berg-Gamander	5 – 20 cm blassgelb	■	■	■	■	■	■	✿	✿	✿	■	■	■	wintergrün
Scabiosa ochroleuca Gelbe Skabiose	20 – 60 cm gelb	■	■	■	■	■	■	✿	✿	✿	✿	■	■	wintergrün
Scabiosa canescens Graue Skabiose	20 – 50 cm hellblau	■	■	■	■	■	■	✿	✿	✿	✿	✿	■	
Scabiosa columbaria Tauben-Skabiose	20 – 50 cm blauviolett	■	■	■	■	■	■	✿	✿	✿	✿	✿	■	wintergrün

Zum guten Schluss – Garten-Natur

Unsere Gärten sind Teil der Natur. Wenn wir uns bei der Gestaltung unserer grünen Oasen an den Prozessen orientieren, die über Jahrhunderttausende unsere Natur prägten, dann wird der Traum Wirklichkeit werden, dass wir direkt vor unserer Haustür die wilde Schönheit der Natur erleben können. Am Ende unserer Reise durch die Landschafts- und Gartengeschichte erkennen wir, dass jeder Garten in seiner Grundstruktur, nämlich seiner guten Mischung aus Rasenflächen, Blumenbeeten, Sträuchern und Bäumen eine große Ähnlichkeit mit der Grundstruktur der mitteleuropäischen Naturlandschaft hat. Was für eine Chance! Schon kleine Veränderungen reichen aus, um diese Grundstruktur näher an die Natur zu bringen: Indem wir echte einheimische Wildpflanzen verwenden, statt exotischer Schmuckstauden, indem wir auf biodiversitätsschädigende Stoffe wie Torf, Mineraldünger und Pestizide verzichten und indem wir uns bei der Pflege an den natürlichen Vorbildern orientieren. Rasen mähen wie grasende Pferde oder Auerochsen, Staudenbeete jäten wie ein selektiv einzelne Pflanzen entfernender Elefantenrüssel, einzelne Pflanzen zurückschneiden wie äsende Rehe und Hirsche.

Die Verbindung zwischen Naturschutz und Gärten ist aber noch viel tiefer. Das, was wir als Natur wahrnehmen, die Landschaft außerhalb unserer Städte und Dörfer, braucht ebenfalls unsere Pflege. Ein Naturschutz, der zum Ziel hat, uns Menschen aus der Natur zu verbannen, führt oft zu Landschaften mit viel niedrigerer Biodiversität, als wir sie in traditionellen Kulturlandschaften mit ihren Wiesen, Weiden, Kleingewässern, Hecken, Feldgehölzen und Einzelbäumen finden konnten. Das liegt aber nicht daran, dass diese hohe biologische Vielfalt der traditionellen Kulturlandschaft künstlich erhöht war. Es liegt vielmehr daran, dass sie viele verschiedene Ersatzlebensräume für die Arten der durch große Pflanzenfresser vielfältig strukturierten Naturlandschaft bot. Die einflussreichsten »Umweltingenieure« dieser Naturlandschaft werden wir nicht mehr zurückbekommen. Elefanten, Nashörner oder Flusspferde sind ein für alle Mal verloren. Aber viele Arten in unseren Landschaften warten immer noch auf die sich im Schlamm wälzenden oder ein ausführliches Sandbad nehmenden Elefanten, die hin und wieder auch einmal einen Baum umstoßen, um besser an die zarten Knospen und Blätter in der Krone zu kommen. Die

← Ob im Garten oder in halboffenen Weidelandschaften Europas – unsere biologische Vielfalt braucht etwas, das die Wirkungen der ausgestorbenen großen Weidetiere ersetzt: den Menschen und seine Tiere

Wisente, die ja zum Glück nicht ganz ausgestorben sind, können das übrigens auch, wenn auch in kleinerem Maßstab. Wir sollten diese Verantwortung annehmen, egal, ob wir Menschen die großen Tiere ausgerottet haben oder nicht, wobei immer mehr wissenschaftliche Arbeiten nachweisen, dass tatsächlich der Mensch die großen Tiere zum Aussterben gebracht hat. Im Grunde stehen uns dazu drei Möglichkeiten offen: Entweder wir versuchen so viele große Tierarten wie möglich, Wildpferde, Wildrinder, Elche, Hirsche, Rehe, Biber und auch Beutegreifer wie den Wolf wieder in die Wildnisgebiete zu bringen. Merkwürdigerweise wird hierzulande Wildnis ja oft ohne die großen Tiere gedacht und geplant und dann entwickelt sich ein dichter dunkler Wald. Ein echtes Wildnisgebiet mit großen Tieren muss deshalb, wie auch viele afrikanische Nationalparks, von einem wilddichten Zaun umgeben sein, der dann auch leider die natürlichen Wanderungen unterbindet. Die eingesperrten Wildtiere stehen deshalb immer in der Gefahr, dass sich irgendwann die Väter mit ihren Töchtern paaren und es zu Inzuchtschäden kommt.

Die zweite Möglichkeit ist deshalb das extensive Beweiden mit Haustieren, die weiterhin von Menschen betreut werden, die dann für genetische Vielfalt sorgen, indem die männlichen Tiere hin und wieder ausgetauscht werden.

Als dritte Möglichkeit bietet sich an, die Wildnisflächen mit von Hirten gehüteten Herden verschiedener Nutztierarten zu beweiden, so wie das über Jahrtausende in Europa der Fall war. Solche Managementstrategien werden von vielen Naturschützern als steuerndes »Gärtnern« abgelehnt.

Wenn wir die biologische Vielfalt aber erhalten wollen, dann müssen wir dafür sorgen, dass die treibenden Kräfte, die großen Tiere, die unsere Landschaften prägten, irgendwie ersetzt werden. Wir müssen also wie Gärtnerinnen und Gärtner Verantwortung übernehmen, aber nicht im Sinne des konventionellen Gärtnerns, das ja ein einmal geplantes statisches Gartenbild erhalten möchte, sondern eben wie Naturgärtnerinnen und Naturgärtner, die die Veränderung in ihren Gärten genießen und mit sanfter Hand steuern, weil sie wissen, dass Veränderung zur Natur gehört und dass es eben nur in Landschaften, die sich immer wieder dynamisch verändern dürfen, eine hohe biologische Vielfalt gibt, so wie Johann Wolfgang von Goethe in seinem Gedicht »Äolsharfen« die Schönheit der Natur in einer Iris beschreibt: »So schmiegsam herrlich, bunt in Harmonie und immer neu und immer gleich (…).«

Die Autorin

Ulrike Aufderheide aus Bonn ist Diplom-Biologin und erfolgreiche Buchautorin. Seit 1994 plant sie naturnahe Gärten, öffentliche Flächen oder Außenanlagen von Kindergärten und Schulen. Mit ihrer Firma *Calluna – Naturnahe Garten- und GrünPlanung* verwirklicht sie Gartenträume. Bei ihrer Arbeit entstehen neue Lebensräume für Wildpflanzen und Wildtiere – und für die Gartenbesitzer und -besucher viele Möglichkeiten der unmittelbaren Naturerfahrung. Von 2016 bis 2022 engagierte sie sich im Vorstand des Natur-Garten e. V., dort ist sie weiterhin in zahlreichen Arbeitskreisen aktiv.

Im pala-verlag sind von Ulrike Aufderheide neben diesem Buch die Titel »Der sanfte Schnitt«, »Kleiner Garten naturnah«, »Klimafest und artenreich – das Naturgartenprinzip«, »Öffentliche und gewerbliche Grünflächen naturnah«, »Schöne Wege im Naturgarten«, »Tiere pflanzen« und mit Edwin Schröter »Workshop Korbflechten« erschienen.

Kontakt
Calluna
Naturnahe Garten- und GrünPlanung
Ulrike Aufderheide
Weißdornweg 78
53177 Bonn
E-Mail: aufderheide@calluna-naturgarten.de

Dank

Der Gedanke, dass halboffene Landschaftstypen kein Kunstprodukt sind, sondern natürlicherweise zu Europa gehören, ist mir zuerst in der Augen öffnenden Veröffentlichung »The Quaternary Park« von Margaret Bunzel-Drüke, Joachim Drüke und Henning Vierhaus aus dem Jahr 1994 begegnet.

Wir alle sind den Pionieren der biodiversitätsfördernden Beweidung, wie den Aktiven der Arbeitsgemeinschaft Biologischer Umweltschutz im Kreis Soest e. V., und allen Menschen, die sich vor Ort für Beweidungsgebiete und für die Weidetiere einsetzen, zu großem Dank verpflichtet, denn sie haben einen Weg aufgezeigt, der den Naturschutz aus vielen Blockaden herausführen kann. Dazu möchte auch dieses Buch einen Beitrag leisten.

Besonders dankbar bin ich aber den Menschen, die mir Beweidungsgebiete vor Ort gezeigt haben:

Tibor Hartel, Universität Babes-Bolyai, der uns kenntnisreich die uralten Waldweiden Siebenbürgens gezeigt hat.

Martina Koch und Hannes Petrischak, Heinz Sielmann Stiftung, Wustermark, die sich die Zeit nahmen, uns an einem warmen Herbsttag die »Berliner Savanne« in der Döberitzer Heide zu zeigen.

Petra Lübbert, NABU-Agrar-Umwelt GmbH, Mainz, die uns spontan auf die Weiden der Schmidtenhöhe mitnahm, sodass wir viel über die landwirtschaftliche Seite einer Naturschutzbeweidung lernen konnten.

Der Farmgemeinschaft auf Krumhuk in Namibia, wo wir immer wieder viel über das Leben in und von einer beweideten Savannenlandschaft lernen dürfen.

Und meinem lieben Mann Enno, der meine Recherchen in Beweidungsgebieten geduldig und mit viel Enthusiasmus unterstützt und klaglos wartet, wenn ich mal wieder »merkwürdige« Motive fotografiere.

Anhang

Zum Weiterlesen

Michael Altmoos:
Der Moosgarten
pala-verlag

Bladmineerders:
https://bladmineerders.nl
Europäische Datenbank mit vielen Informationen zum Nutzen einheimischer Wildpflanzen für Pflanzenfresser (Herbivoren)

Margaret Bunzel-Drüke et. al.:
Naturnahe Beweidung und NATURA 2000
Arbeitsgemeinschaft Biologischer Umweltschutz im Kreis Soest e. V.
als PDF verfügbar unter:
www.abu-naturschutz.de

Tibor Hartel, Tobias Plieninger:
European Wood Pastures in Transition
Verlag Routledge

Bernhard Lehnert:
Einfach mähen mit der Sense
ökobuch Verlag

Paul Westrich:
Die Wildbienen Deutschlands
Verlag Eugen Ulmer

Reinhard Witt:
Nachhaltige Pflanzungen und Ansaaten
NaturGarten Verlag

Weiterführende Informationen

Sensenkurse

Sensenverein Deutschland e.V.
Bregenzer Straße 27
88239 Wangen
www.sensenverein.de

Sensenverein Österreich
Dierzerstraße 15
4560 Kirchdorf an der Krems
www.sensenverein.at

Informationen zum Naturgarten und zu aktuellen Bezugsquellen

Deutschland

VWW – Verband deutscher Wildsamen- und Wildpflanzenproduzenten e.V.
Perchstetten 1 d
35428 Langgöns
www.natur-im-vww.de

NaturGarten e. V.
Reuterstraße 157
53113 Bonn
www.naturgarten.org

Österreich

Verein REWISA-Netzwerk
Tulpengasse 8A
4400 Steyr
www.rewisa.at

Schweiz

Bioterra
Zypressenstrasse 76
8004 Zürich
www.bioterra.ch

Holzhäcksel für Bewegungsbereiche

Ökocolor GmbH & Co. KG
Hemkenroder Straße 14
38162 Destedt
www.oecocolor.de

Beweidungsgebiete (Auswahl)

Deutschland

Sielmanns Naturlandschaft Döberitzer Heide
Naturerlebniszentrum
Zur Döberitzer Heide 9
14641 Wustermark
www.sielmann-stiftung.de

Stiftungsland Geltinger Birk
Integrierte Station
Falshöft 11
24395 Nieby
www.naturschutz-sh.de/geltinger-birk

Stiftungsland Schäferhaus
Ihlseeweg
24983 Handewitt
www.naturschutz-sh.de/gebiete/schaeferhaus

Stiftungsland Halbinsel Holnis
NABU-Infohütte
Ziegeleiweg 13
24960 Glücksburg
www.naturschutz-sh.de/gebiete/holnis

Beweidungsgebiet Schmidtenhöhe
Alte Heerstraße
56076 Koblenz
www.nabu-agrar-umwelt-gmbh.de/projekte

Beweidungsprojekt Hellinghauser Mersch
Naturschutzgebiet Lippeaue
59556 Lippstadt / Hellinghausen
www.abu-naturschutz.de

Wilde-Wald-Weiden Taubergießen e.V.
Westendstraße 14
77963 Schwanau
www.wilde-wald-weiden-taubergiessen.de

Niederlande
Besucherzentrum Oostvaardersplassen
Kitsweg 1
8218 AA Lelystad
www.staatsbosbeheer.nl

Schweden
Lövängar und Küstenweiden Gotland und Öland
www.visitoland.com/de/tun/naturschutzgebiete
www.naturkartan.se/de/municipalities/gotland/nature-reserve

England
Nationalpark New Forest
www.thenewforest.co.uk

Rumänien
Waldweidegebiete
z. B. bei Viscri, Apold oder Sighişoara
www.transylvanian-wood-pastures.eu

Informationen zu wilden Weiden

Naturnahe Weidelandschaften e.V.
Emminger Straße 74
78532 Tuttlingen
www.weidelandschaften.org

Farina Graßmann:
Wunderwelt Moor
ISBN: 978-3-89566-431-1

Ulrike Aufderheide:
Klimafest und artenreich – das Naturgartenprinzip
ISBN: 978-3-89566-429-8

Paula Polak:
Regenwasser nutzen – ein Geschenk für meinen Garten
ISBN: 978-3-89566-427-4

Sigrid Tinz:
Mein Garten – mehr Arten
ISBN: 978-3-89566-432-8

Brigitte Kleinod / Friedhelm Strickler:
Schön wild!
ISBN: 978-3-89566-367-3

Ulrike Aufderheide:
Schöne Wege im Naturgarten
ISBN 978-3-89566-340-6

Michael Altmoos:
Besonders: Schmetterlinge
ISBN: 978-3-89566-408-3

Katharina Heuberger:
Mein wilder Meter
ISBN: 978-3-89566-428-1

Gesamtverzeichnis bei:
pala-verlag, Am Molkenbrunnen 4, 64287 Darmstadt, www.pala-verlag.de

ISBN: 978-3-89566-433-5

Am Molkenbrunnen 4, 64287 Darmstadt
www.pala-verlag.de

Bildnachweis:
Seite 15, oben: Frank Vassen
Seite 15, unten: Susanne Spatz-Behmenburg
Seite 20, unten: Esteban Aravena Cardenas
Seite 26: John Dippel
Seite 28: Tessa Beumer
Seite 40: Andreas Haselböck
Seite 41, oben: Stefanie Biel
Seite 50, oben: La Salamandre (1912), Wikimedia Commons, gemeinfrei
Seite 50, unten: Jean-Baptiste Camille Corot (1846), Wikimedia Commons, gemeinfrei
Seite 60: Martin Schneider
Seite 61, links: Hannes Petrischak
Seiten 61, rechts, 65, links, 90: Barbara Reis
Seite 72, oben: John Constable (1776–1837), Wikimedia Commons, gemeinfrei
Seite 74: Bezirksregierung Köln (TIM-Online)
Seite 75: Caspar David Friedrich (1822), Wikimedia Commons, gemeinfrei
Seite 78: Oberrheinischer Meister (1410-1420), Wikimedia Commons, gemeinfrei
Seite 87, oben: Rüdiger Schwarz
Seiten 87, unten: Heribert von Essen
Seite 117: Oliver Zwirner
Seiten 123, 132, unten: Michael Altmoos
Seite 132, oben: Barbara Noga
Seite 139: Sigrid Tinz
Seite 155, unten: Karsten Schönherr
Seite 159, 2. Reihe Mitte: Hans-Georg Levin
alle anderen Fotos: Ulrike Aufderheide

Umschlagfotos vorne: Stefanie Biel (großes Foto), Tessa Beumer (oben links), Angelika Eckstein (oben Mitte), Ulrike Aufderheide (oben rechts)
Umschlagfotos hinten: Ulrike Aufderheide

Lektorat: Barbara Reis

Satz und Gestaltung: Die Werkstatt Medien-Produktion GmbH, Göttingen
www.werkstatt-produktion.de

Druck und Bindung:
Beltz Grafische Betriebe GmbH, Bad Langensalza
www.beltz-grafische-betriebe.de
Printed in Germany

Gedruckt auf
100% Recyclingpapier